ベンチャー企業のピボット分析

事業転換の戦略的意思決定プロセス

Pivot
Analysis
of
Venture
Companies
Moriguchi Fumihiro

森口文博
［著］

中央経済社

本書を推薦する

　森口文博氏の『ベンチャー企業のピボット分析―事業転換の戦略的意思決定プロセス―』は，ベンチャー企業の「ピボット」という現象に焦点を当てた，まさに時機を得た意欲作です。本書は，単なる理論的考察や一般論を超え，産学連携の現場で実際に観測されるデータと豊かなインタビューから導き出された実証的知見を，鮮やかに描き出しています。特に，大学の技術を基盤にしたアントレプレナーシップのプロジェクトにおける「出口戦略」に注目した点は，産学連携や大学発ベンチャー研究において新たな地平を拓くものであり，その主題設定には，昨今の賑やかなアカデミック・キャピタリズム（学術資本主義）が当たり前になった風景の中で，拙著『大学発ベンチャーの組織化と出口戦略』（2015）への批判的オマージュとしての深い響きを感じざるを得ません。

　森口氏との出会いは，忘れがたいものがあります。進学を希望してさっそうと現れた新大阪駅の改札前にあるカフェで初めて会ったとき，彼は拙著を手に情熱的に研究への意志を語ってくれました。そのときの光景が鮮やかに思い出されます。「この人物は，きっと未来の経営学界に貢献するだろう」と確信した瞬間でした。その約束を，森口氏は本書の刊行という形で見事に果たしてくれました。

　ごく控えめに言って，ベンチャーの研究は，非常に険しい登山であり，本当に多くの人間が途中で挫折をしてしまうものです。彼は違いました。博士後期課程へ進学してから，どんどん，定量的・定性的研究手法を彼は体得していきました。本書の行間には，どんな苦労もものともしない，研究者としての彼の誠実さと探究心が随所に刻まれています。

　本書の最大の特徴は，「ピボット（pivot）」という概念を，単なるベンチャー

企業の現象ではなく，戦略的意思決定プロセスとして深く掘り下げた点にあります。「ピボット」とは，企業経営における「方向転換」や「路線変更」を意味し，特にベンチャーやスタートアップでは，ビジョンの特定部分を軸足とし，それ以外を柔軟に変更することで市場との適合性を高めるプロセスです。実務的にはもちろん，長く知られていたイシューで，小職も事例研究で捉えて探求したく考えていた課題であり，国際学会などでも着目されていたポイントでした。このブラックボックスとされていた意思決定の背後にあるメカニズムを明らかにするために，森口氏は，私たち研究チームが収集してきた貴重なデータに対して，とても精緻な分析を駆使しました。コロナ期や直後の時勢に，同じく共同研究者だった黒木　淳先生（横浜市立大学）と何度も3人のZoomで打ち合わせし，どんどん研究が進んでいったスピード感は，あの少し暗くなりがちだった頃の懐かしい明るい思い出の一つです。

特に，本研究で注目すべき視点は，本主題について企業家のトップマネジメントチーム（TMT）を分析単位とし，ピボットの成功要因と出口戦略を国際的にも最先端の視点から明らかにした点です。これまで十分に解明されてこなかったこのテーマに真正面から挑んだ森口氏の研究は，日本国内外の学術界からも評価を受け，学会賞を受賞するなど，その価値が認められています。

さらに，本書では「混合研究法（Mixed Methods）」によるアプローチが採用されています。混合研究法とは，量的データ（統計的分析）と質的データ（インタビューやケーススタディ）を統合的に活用することで，現実の複雑さに対して，研究主題へ多角的に解像度を上げて理解しようとする手法です。このアプローチにより，ピボットの意思決定プロセスという複雑な現象を，個別の意思決定の背景にある動機や文脈を解き明かしながら，統計的なパターンとしても捉えることに成功しています。本書が示す洞察は，こうした量的・質的データの統合によって初めて可能となったものであり，経営学における実証分析の新たな挑戦を提示しています。

また，彼の研究には，産学連携や大学発ベンチャーに関する実務経験とキャ

リアが大いに活かされています。金融業界や大学で真摯に働いてきた経験が，インタビューやケーススタディの解釈に深みを与え，データを生きたものとして再構成する力となっています。この点こそ，森口氏が単なる研究者にとどまらない，現場に向き合いながら「実践と学問を深く結びつけようとする類まれなる強力なパッション（情熱）と使命感を持つ学者」としての独自性を持つ所以です。

　森口氏は現在，JST（国立研究開発法人科学技術振興機構）の大学発ベンチャーと技術移転に関する国家的調査プロジェクトや国際学会の舞台でも活躍しており，研究チームを支える柱として貴重な存在です。その存在は，まさに「学術的価値の星座」の一部であり，散らばるように見えるデータや要素を新たな意味へと結びつけていく力を持っています。ベンチャーや産学連携における既知の概念に対して，新しい視点や意義を与える姿勢を具現化した本書は，これからの経営学の新たな可能性を示唆するものです。

　本書は，大阪市立大学（現・大阪公立大学）の学位論文がベースになった学術書であります。現実のベンチャー企業や政策の現場に関心のある読者は，その複雑でダイナミックな意思決定の本質を深く理解し，自身の研究や実務に活かすヒントを得ることができると信じます。

　最後に，森口氏は，私たち研究者チームの信頼を一身に集める若手研究者であり，共同研究者としての未来に大きな期待が寄せられています。本書が多くの読者に刺激を与え，議論を巻き起こし，私たち日本社会の大学・研究・教育とアントレプレナーシップをめぐる構造的な難所に対して，さらなる研究や実務の発展につながることを願いつつ，推薦の言葉といたします。

2025年2月6日
京都大学経営管理大学院 教授
山田 仁一郎

はしがき

　本書は,「ピボット」という自らの事業を転換するという行為, 特に, その意思決定の要因と認知的プロセスについて調査し, まとめたものである。特に本書では, バイオベンチャーと呼ばれるライフサイエンス系のベンチャー企業を分析対象としている。

　本書で取り扱う内容は, 筆者自身が大学の知的財産や産学連携を扱う部門で働いていた実務経験から来る動機も関連している。当時の上司が,「ライフサイエンス系の技術が上市するのは, 宝くじを当てるくらいに難しいことだ。しかし, 上市できると喜ぶ人がたくさんいる。この仕事はとても重要なものなのだ」と言っていたのが印象に残っている。さらに, 当初は大学発ベンチャーを通じた技術移転活動はあまり盛んではなかったが, ライフサイエンス系の大学発ベンチャーの創出活動や大学発ベンチャーへの技術移転に関心を持つようになった。

　こうした状況で, 微力ながら自身がなすべきことは何だろうかと考えた結果, 経営学の知見が技術移転活動の現場に活かせるのではないかと志し, 筆者は社会人大学院生として関西学院大学のビジネススクールに入学した。本書のそもそものスタート地点は, 課題研究論文（ビジネススクールにおける修士論文の位置づけ）で, 大学組織は大学発ベンチャーとどのような関係性を持つべきなのかについて執筆したことにあると考えている。その後, 大学発ベンチャーをテーマとした博士課程での研究をスタートし, 当初計画していた内容からは少しピボットしたのかもしれないが, 大学発ベンチャーを含むライフサイエンス系のベンチャー企業を対象としたピボットという行為に焦点を当て, 2023年に提出した博士論文をもとに書き上げたものが本書である。

　ここで少し論点がずれるかもしれないが, 最近あった筆者自身の2つの経験

から，社会科学系，特に筆者の専門とする経営学分野の論文や学術書の役割について考えを述べたい。

まず，既に仕事をリタイアした筆者の父からLINEで「組織論を紹介してくれる本，教えて欲しいんやけど！」というメッセージが届いた時のエピソードである。筆者はすぐにAmazonを通じて，尊敬する教授が執筆した組織論の入門書を注文し，実家に送付した。その後，入門書を読んだ父から再び連絡があり，「この本とてもいい。もう少し早くこの本に出会っていれば，現役管理職の頃に悩んでいたことも解決でき，もっとうまく仕事ができただろうに」との言葉が印象的であった。

もう一つは，共著で執筆した論文の内容を想定読者となる実務担当者に説明した時のエピソードである。その方は，真剣かつ悩ましげに筆者の話に耳を傾けてくれた後に，「目の前の課題がうまく解決できず，1人で悩んでいましたが，私のせいじゃなかったんですね。気持ちがとても楽になりました。」と，ほっとした表情とともに，お礼の言葉と論文の感想を筆者に述べてくれた。

筆者はこの2人の言葉に，改めて経営学の研究に携わるやりがいや自身の役割を確認できたと感じている。

私たちは日々，不確実な環境に囲まれ，未知の課題に直面すると不安になり，どのように打ち手を打てばよいのかが分からなくなる。打ち手を打ったとしても，それでよかったのかどうかは分からず，再び不安になる。そこで，私たちを取り巻く社会の仕組みや構造，人の行動のプロセスやメカニズムなどを科学的に導き出し，体系的に理解することができれば，これまでの不安の気持ちを和らげることができる。経営学には，こうした科学的な知見を通じて，不安を抱える人々の心を軽くしてくれる力があるのだと思う。筆者の研究に対する動機は，この科学的な知見が大なり小なり必要とされる誰かのもとに届き，受け取った当事者が自分なりの意味づけをし，それぞれの立場で役立ててもらうことにあると考えている。

本書は，どのような方に届くであろうか。企業・組織として取り組んできた

ことが，大なり小なりうまくいかない時，うまくいっているが新たな別の機会が舞い込んできた時，どのようなことを考慮し，これまで取り組んできたことを変えるべきなのか・継続すべきなのか，その判断・意思決定に資する知見を提供している。

　本書は，以下の2者を読者として想定している。まず，経営学分野の研究者や学生，特に，本書の内容は経営戦略論，アントレプレナーシップ論をオーバーラップする内容となっており，当該分野の研究者に読んでいただきたいと考えている。また，本書は研究方法論として，混合研究によるアプローチを試みており，混合研究法による研究にトライしたいと考えている研究者や学生にとっても参考になるだろう。

　第二に，ベンチャー企業を中心とした組織において，意思決定権限のある経営陣の方である。本書はライフサイエンス系のベンチャー企業を対象とした知見を提示しているが，この知見は広く一般にも応用できるものであると考えている。自らの組織と取り巻く環境を分析し，目の前の課題を解決するべく，適切な意思決定を行うための判断材料として，ぜひ実務に活用していただきたい。

2025年1月

森口　文博

目　次

本書を推薦する　*i*
はしがき　*v*

序　章　事業を転換するということ……………………………………*1*

 1　本書の背景と目的　*1*
 2　本書の問い　*4*
 3　本書の構成　*4*

第Ⅰ部　理論編

第1章　ピボットと出口戦略に関する理論的背景………………*11*

 1　ピボット　*11*
  1.1　経営学の研究におけるピボットの位置づけ　*11*
  1.2　ベンチャー企業論におけるピボットの位置づけ　*13*
 2　出口戦略　*15*
  2.1　新規株式公開（IPO）　*17*
  2.2　合併と買収（M&A）　*18*
 3　本書が示す議論の位置づけ　*19*
 4　小括　*22*

第2章　混合研究法によるアプローチ……23

1　分析の全体像　*23*
2　混合研究法による分析枠組み　*24*
3　分析対象（バイオベンチャーについて）　*25*
4　データ　*27*
5　変数の定義と基本統計量　*29*
6　小括　*32*

第Ⅱ部　量的分析編

第3章　何がピボットを促すのか……35

1　仮説の検討　*35*
 1.1　経営課題への適合とピボット　*35*
 1.2　創業者とピボット　*36*
2　変数　*38*
 2.1　従属変数の設定：Pivot　*38*
 2.2　独立変数の設定1：5つの因子（Factors）　*38*
 2.3　独立変数の設定2：CEOが創業者かどうか（CEO_startmember）　*43*
 2.4　コントロール変数　*44*
3　分析手法　*44*
4　分析結果　*46*
5　考察　*50*
6　小括　*52*

第4章 ピボットは出口戦略に影響を与えるのか……………55

1 仮説の提示　*55*
　1.1　仮説1：ピボットのポジティブな側面　*55*
　1.2　仮説2：ピボットのネガティブな側面　*56*
2 変数　*57*
　2.1　従属変数の設定：事業フェーズがIPOまたはM&Aに近いかどうか（Exit）　*57*
　2.2　独立変数の設定：Pivot　*58*
　2.3　コントロール変数　*58*
3 分析手法　*59*
4 分析結果　*59*
5 考察　*62*
6 小括　*63*

第Ⅲ部　質的分析編

第5章 ピボットするのか・しないのか
―意思決定の要因と3つの経路―……………………67

1 調査の概要　*67*
　1.1　インタビュー対象先　*67*
　1.2　質問内容　*69*
2 分析手法　*70*
3 分析結果　*73*
　3.1　3つのピボットにまつわる意思決定の経路　*73*
　3.2　カテゴリーの分析　*75*

4　小括　*92*

第6章　事例分析
　　　―出口を踏まえたピボットのプロセス分析― ……… *93*

　　1　事例　*93*
　　　　1.1　ピボットしない経路（STORY1）の事例分析　*94*
　　　　1.2　小幅にピボットする経路（STORY2）の事例分析　*97*
　　　　1.3　大幅にピボットする経路（STORY3）の事例分析　*112*
　　2　小括　*121*

第7章　質的分析による発見事実と考察 …………………… *123*

　　1　発見事実　*123*
　　　　1.1　ピボットに影響を与える要因　*123*
　　　　1.2　ピボットの大きさ　*124*
　　　　1.3　ピボットの意味づけ　*125*
　　2　考察　*126*
　　　　2.1　ピボットしない経路　*126*
　　　　2.2　小幅にピボットする経路　*126*
　　　　2.3　大幅にピボットする経路　*132*
　　　　2.4　観測されなかったピボットしない経路　*135*
　　　　2.5　ピボットの分類に関する議論　*135*
　　3　小括　*138*

終　章　ピボットの意思決定要因とプロセス ……………… *141*

1　研究結果の整理　*141*
　　1.1　各章のまとめ　*141*
　　1.2　説明的順次デザインによる解釈　*143*
　　1.3　本書の問いに対する回答　*146*
2　理論的および実務的な含意　*147*
3　本書の限界と今後の展望　*148*

あとがき　*153*
参考文献　*157*
索　　引　*164*

図表目次

図表0.1 本書の構成 ……………………………………………………………… *5*
図表1.1 ピボットの意思決定に関する4つの理論的枠組み ………………… *14*
図表1.2 ピボットと出口戦略（IPO・M&A）に関する系統的レビューの
　　　　検索結果 …………………………………………………………………… *21*

図表2.1 本書の枠組み …………………………………………………………… *24*
図表2.2 バイオベンチャーと創薬系バイオベンチャーの違い ……………… *26*
図表2.3 収集したデータ ………………………………………………………… *28*
図表2.4 質的分析の対象 ………………………………………………………… *29*
図表2.5 変数の定義 ……………………………………………………………… *30*
図表2.6 基本統計量 ……………………………………………………………… *31*

図表3.1 各因子を構成する18項目の設問に対する設定理由・根拠 ………… *41*
図表3.2 経営環境への対応に関する因子分析の結果 ………………………… *42*
図表3.3 共分散構造分析の推定結果 …………………………………………… *46*
図表3.4 5つの因子を構成する18項目の質問の変数対応表 ………………… *48*
図表3.5 ピボットの決定要因に関するモデル4のパス図（共分散構造
　　　　分析の推定結果）………………………………………………………… *49*

図表4.1 共分散構造分析の推定結果 …………………………………………… *61*
図表4.2 ピボット経験と事業フェーズ（IPOまたはM&A）………………… *62*

図表5.1 インタビュー先概要 …………………………………………………… *68*
図表5.2 インタビュー依頼書に記載した質問内容 …………………………… *69*
図表5.3 テーマ中心の質的テキスト分析のプロセス ………………………… *71*

図表5.4	出口戦略を踏まえたピボットにまつわる3つの経路	74
図表5.5	メイン・カテゴリーおよびサブ・カテゴリーとその定義	76
図表5.6	外部環境の把握	77
図表5.7	2つのレベルの認知的コンフリクト	82

図表7.1	2つのレベルの認知的コンフリクト（図表5.7再掲）	127
図表7.2	キーマンの違いによる「小転換」にいたる認知プロセス	131
図表7.3	関連多角化と小転換・大転換の議論の整理	136
図表7.4	ピボットの対象とピボットの大きさによる事例分類	138

| 図表8.1 | 本書の内容と今後の研究内容との関連性 | 150 |

初出一覧

本書は，以下をもとに著した博士論文を加筆修正し，書籍としてまとめたものである。

第3章：森口文博・山田仁一郎・黒木淳（2020）「バイオベンチャーのピボット―実態と要因分析―」『日本ベンチャー学会誌』, 36, 13-27.

第4章：Fumihiro Moriguchi, Jin-ichiro Yamada, & Makoto Kuroki (2022)."Exit Strategy and Top Management Team in Biotech Venture Firms" The Association of Japanese Business Studies (AJBS) 34th Annual Conference Proceedings, 311-337.

第5章：森口文博（2023）『事業転換の選択とその意思決定プロセス―イグジットを目指すバイオベンチャーの質的分析―』日本経営学会第97回大会 予稿集

序章

事業を転換するということ

　序章では，本書の問題意識や背景について述べる。

　昨今のベンチャー企業が置かれた状況はどうなっているだろうか。また，ベンチャー企業はどのような出口を目指すのだろうか。自社の成長を企図するベンチャー企業の場合，出口戦略の中でも，株式上場（IPO）や第三者への事業売却（M&A）を目指すことが一つの成功のマイルストーンであるといわれている。ベンチャー企業は，これらの出口にたどり着く過程で，事業がうまくいかないことを数多く経験し，事業の転換（Pivot）の要否を検討しなくてはならない。

　序章では，ベンチャー企業の目指す出口戦略とピボットとの関連性について確認したうえで，本書における問い，本書の全体構成を示す。

1　本書の背景と目的

　2013年の日銀による金融緩和以降，日本では官民からベンチャー企業[1]へのリスクマネーの供給が加速し，現在も含め「第4次ベンチャーブーム」にあるとされている。スタートアップ[1]は，主に市場の競争の活発化，イノベーション

の創出，雇用創出を通じて，経済活性化の担い手として期待されている（加藤, 2022）。政府は2022年を「スタートアップ創出元年」と位置づけ，「スタートアップ育成5か年計画」を掲げ，開業数や開業した企業の規模拡大を支援しようとしており（内閣府, 2022），スタートアップに対する期待が高まっている。

　成長を企図するベンチャー企業にとって，新規株式公開（以下，IPO[2]という）や第三者への事業売却（以下，M&A[3]という）が目指す出口として一般的となっている。これらIPOとM&Aの2つを総称してExit（イグジット）と呼び，ベンチャー企業は事業展開に必要な資金を調達して成長する中で，Exitすることが成功の一指標となっている。投資家やベンチャー企業の創業者にとっても，IPOやM&Aは中長期的に投資を回収するための共通の手段となっている。経済産業省（2021）の調査によると，2019年の米国でのベンチャー企業のIPOおよびM&Aの合計件数は918件であったのに対し，日本は131件となっており，大きな差が存在する。日本のベンチャー企業によるIPOやM&Aを増加させるためにも，出口戦略に関する研究は実務的な要請が大きいと考えられる。

　ベンチャー企業は，IPOやM&Aによる出口を目指す過程で，経営規模を拡大する。ベンチャー企業は，大企業と比較して経営資源（ヒト・モノ・カネ）の制約があり，事業の不確実性が高いのが特徴である。不確実な状況で成長する過程において，当初の事業に行き詰まったり，大きな軌道修正を余儀なくされたり，まったく別の事業に転換することで生き残りを図ろうとする。すなわち，IPOやM&Aにいたる過程で，ベンチャー企業が自らの事業を転換するか

1　ベンチャー企業とスタートアップは，呼称は異なるが「新規性の高い事業を展開すること，組織の規模が小さい」といった点が共通している。主にスタートアップは，創業して間もない企業のことを指し，実務的には，急成長するという意味が含まれていることがあるが，この2つの呼称を厳密に使い分けることは，本書の論旨の範囲外となる。よって，本書では序章1以降は，「ベンチャー企業」と呼称を統一して使用することとした。

2　「Initial Public Offering」の略であり，未上場の企業が証券取引所に上場して，新規に株式を公開することである。詳細は第1章「2.1　新規株式公開（IPO）」と同様である。

3　「Mergers and Acquisitions」の略であり，2つ以上の会社が1つになること（合併）や，ある会社が他の会社を購入すること（買収）である。詳細は第1章「2.2　合併と買収（M&A）」と同様である。

否かは，ベンチャー企業の生死を分かつ重要な意思決定となる。事業を転換することは，ベンチャー企業を対象とする学術研究の中で「ピボット（Pivot）」と呼ばれ，近年研究が活発化してきており，ベンチャーの生死や成長に影響を与える要因として近年言及されるようになっている。

　ベンチャー企業にとって，ピボットや出口戦略は重要な概念であり，これらの概念は別々に研究蓄積がなされてきた。しかし，ベンチャー企業におけるピボットは動的であり，表出するまで時間がかかるなどの理由により，学術的な研究は少ない。また，日本においてはIPOやM&Aまでたどり着くベンチャー企業が諸外国と比較すると数少ないことも，出口戦略という現象に接近することを困難にしている一つの要因といえよう。よって，IPO・M&Aを目指すベンチャー企業のピボットに関する知見の蓄積は意義が大きい。さらには，ベンチャー企業のピボットと出口戦略との関係性については，未知の点が多いのが現状である[4]。

　本書では，日本のバイオ系のベンチャー企業（以下，バイオベンチャーという）から取得したアンケートデータを用いて，ベンチャー企業の出口戦略，特にIPOとM&Aを踏まえたピボットの意思決定要因およびプロセスを明らかにすることを目的とする。バイオベンチャーを研究対象としたのは，他分野のベンチャー企業と比較して，事業不確実性が相対的に高く，IPOやM&Aにいたるまでに時間を要することから，ピボットの意思決定が容易でないこともあり，学術的な貢献が大きいためである。

　本書は，経営学全体の中では，自社の事業立地（ポジショニング）を転換するか否かを意思決定するうえでの戦略的意思決定，特に経営資源が相対的に不足するベンチャー企業における戦略的意思決定において新たな理論的視座を提供することができるだろう。

---

[4] 詳細は，第1章「ピボットと出口戦略に関する理論的背景」を参照。

2　本書の問い

　本書の中核となるリサーチ・クエスチョンは,「ベンチャー企業はIPOまたはM&Aによる出口を目指すにあたり, ピボットの意思決定をどのように行っているのか」である。

　これは, 本書での論考を進めるにあたって, 1の本書の背景と目的を踏まえ, ピボットの要因とプロセスを明らかにするための問いとして設定した。さらに, 第Ⅱ部の第3章・第4章および第Ⅲ部の第5～7章では, この中核的な問いに付随する分析と考察を目的とした問いを別途設定した[5]。

　第3章の問いは「ベンチャー企業はどのような要因によってピボットをするのだろうか」としており, ピボットの要因について経営環境への対応および創業者の心理的オーナーシップ[6]の観点から分析を行っている。第4章の問いは「ピボットの経験はIPOまたはM&Aによる出口戦略に影響を与えるのだろうか」としており, ピボットの経験が, IPOまたはM&Aによる出口に与える影響について分析を行っている。第5～7章の問いは,「ベンチャー企業は出口戦略（IPO・M&A）を踏まえてどのようなプロセスでピボットの意思決定を行っているのだろうか」としており, IPOまたはM&Aに接近するまでのピボットの意思決定に関するプロセスについて分析をしている。

3　本書の構成

　本書の構成は**図表0.1**のとおりである。第1章では, ベンチャー企業を対象

---

[5]　佐藤 (2021) は, 問いの数は1つや2つに限られるわけではなく, 中核的な問いは, 調査全体の方向性と焦点を明らかにするためのものであり, この中核的な問いに付随するさまざまな調査課題やトピックに関わる問いを明確に区別する必要があると言及している。

[6]　法的な所有権とは異なり, 所有の対象またはその一部が自分のものであると個人が感じる状態のことである。詳細は第5章「3.2.6　経営陣の心理的オーナーシップ」と同様である。

図表0.1　本書の構成

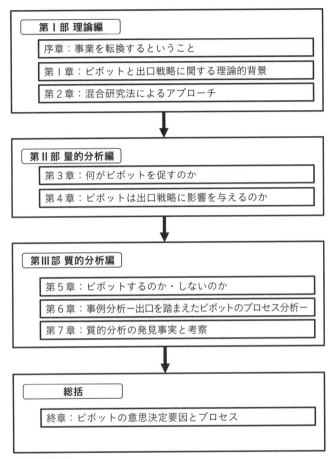

出所：筆者作成

として「ピボット」および「出口戦略」に関する先行研究のレビューを行う。また，本書の対象であるバイオ系のベンチャー企業についても，その業界特性やビジネスモデルについて触れ，レビューする。「出口戦略」については，本書のテーマである「IPOおよびM&A」に焦点を当てる。本レビューにより「ピボット」および「出口戦略」に関する論点を整理し，本書がベンチャー企業の

ピボットおよび出口戦略にまつわる理論をより充実させ，実務的にも貢献できることを提示する。

第2章では，本書の枠組み・方法を説明する。具体的には，第3章・第4章で行う量的分析，第5章で行う質的分析を混合したアプローチである「混合研究法」での分析枠組みと方法について説明する。

第3章では，「ピボット」に焦点を当て，ピボットの決定要因について議論を展開し，実証分析結果を提示する。具体的には，「ピボットの経験の有無」を従属変数とした共分散構造分析による実証結果を示す。実証分析により，「品質管理ができている企業ほどピボットしにくい」「外部環境の把握ができている企業ほどピボットしやすい」「創業経営者がいるとピボットしにくい」という結果が得られた。これらの実証結果を考察し，第5章の質的分析へのアプローチへと接続する。

第4章では，「ピボットの経験」と「出口戦略」との関係に焦点を当て，議論を展開する。具体的な分析として，「事業フェーズがIPOまたはM&Aであるか否か」を従属変数，「ピボットの経験の有無」を独立変数とした実証分析を行った。その結果，「ピボットの経験」と「出口戦略」との間には有意差はなかった。この実証結果について，第5章の質的分析に向けた考察を提示する。

第5章では，第3章・第4章で得られた結果の生じた理由やピボットの意思決定のプロセスを探索するために，半構造化インタビューによる質的分析を行った。具体的には，事業フェーズがIPOまたはM&A段階にあるバイオベンチャー22社に調査依頼を行い，調査協力の得られた9社を対象にインタビューを行い，質的分析を行った。そして，質的分析により抽出された7つのカテゴリーについて解説する。

第6章では，インタビューを実施した9社の事例を分析し，ピボットに関する意志決定プロセスについて詳述する。

第7章では，第5章・第6章の結果に対する考察をする。バイオベンチャーのピボットの意思決定には，「出口戦略に関わる株主の意向」を踏まえたうえで，「外部環境の把握」「開発の進捗」「認知的コンフリクト[7]」「組織慣性[8]」「経

営陣の心理的オーナーシップ」の5点が影響を及ぼしていることが明らかになった。また，ピボットには大きさが存在することが分かった。これらの結果を踏まえ，ピボットに関する3つの経路について説明し，考察を行う。

　終章では，第1〜5章までを総括し，本書の理論的および実務的な貢献点を述べるとともに，本書の限界と今後の課題について述べる。

7　企業内での共通の目標を達成するタスクや方法に関して，メンバー間の認知や知覚が異なることにより生じる対立のことである。詳細は第5章「3.2.4　2つのレベルの認知的コンフリクト」と同様である。

8　組織が変化に直面した際に，安定を維持する方向に均衡を保とうとする働きのことである。詳細は第5章「3.2.5　組織慣性」と同様である。

第 I 部

理論編

第1章

ピボットと出口戦略に関する理論的背景

第1章では，まず本書の中核的なリサーチ・クエスチョンである「ベンチャー企業はIPOまたはM&Aによる出口を目指すにあたり，ピボットの意思決定をどのように行っているのか」を実証する前段階として先行研究レビューを行う。次に，出口戦略およびベンチャー企業の出口戦略の中でも成功の一指標とされるIPOおよびM&Aに関するレビューを行う。最後に，ピボットに関するレビューを行ったうえで，ピボットと出口戦略の2つの概念に関連する研究に触れ，リサーチギャップを示す。

1 ピボット

1.1 経営学の研究におけるピボットの位置づけ

本書が対象とするピボットについては，経営学では，経営戦略論における既存の組織能力や構造，既に市場に投資を行った成熟企業が確立した事業立地（ポジショニング）や戦略を更新する変化に焦点を当てて研究されてきた（Rajagopalan & Spreitzer, 1997；Agarwal & Helfat, 2009；Williams et al., 2017）。

経営者は，企業の長期的ライフサイクルの視点から，戦略を持って新たな事業立地を選択し，そこに新たな事業デザインを築くといった，戦略全体を構造転換させねばならない（三品，2016）。林・山田（2017）は，ファミリー企業の第二創業を対象とした探索的事例研究を通じて，経営の構造転換プロセスは，①オペレーション，②マネジメント，③戦略，④見えざる資産の4つの次元で構成されていることを示した。一方，この定義では，ピボットのもたらす変化が，技術・製品・市場分野のいずれにあるかは分からないという批判もある。例えば，戦略の更新に関する文献は，規制の変更などの外因性の変化に対する，成熟し確立された企業の反応に焦点を当てる傾向がある（Dutton & Duncan, 1987；Christensen, 1997；Gilbert, 2005）。新技術や規制の変化や競合企業が行った新しいイノベーションに直面した当該企業が，いかに戦略を変更したのか，変更しなかったのかについての理由を探索するような研究蓄積である（Bower & Christensen, 1995）。

また，ピボットと類似の概念として「多角化」もある。（アンゾフ，1969）は，事業の多角化を「製品やサービス」と「顧客や市場」の両方において既存事業とは異なる新しいものに進出することであると定義している。さらに，事業の多角化の区分については，ルメルト（1977），吉原ほか（1981）による分類[1]が，既存の多くの事業の多角化に関する研究において基礎となっている。事業の多角化は，全社戦略の中での戦略的意思決定の一つであり，企業の成長や存続を図ることや将来性のある事業機会の獲得を目的に行われる（加護野・吉村，2012）。全社戦略は，複数の事業を対象とした経営資源の配分や経営資源の獲得などの長期的な構想であり，特に，新たな事業への進出や撤退は多角化戦略と呼ばれる（加護野・吉村，2012）。事業の多角化は，既存事業の存在をベースとして，新たな事業をどのように展開をすべきかに焦点を当てており，新たな事業を展開する際も，既存事業と新規事業の関係を強調している。一方で，

---

[1] 企業全体の売上に対する対象事業の売上比率（専門比率），企業全体の売上に対する垂直統合に位置づけられる事業の売上比率（垂直比率），企業売上高に対する技術や市場で何らかの形で関連している事業の売上比率（関連比率）により分類している。

ピボットの場合，既存事業の存続についてはさほど重視されない点が多角化との相違点である。特にベンチャー企業の場合は，経営資源が相対的に不足していることから，既存事業を残したまま新たな事業へと経営資源を配分する余力はない点が特徴であるといえる。

1.2 ベンチャー企業論におけるピボットの位置づけ

　ベンチャー企業論の中でピボットという言葉が国際的に広がった端緒の一つは，リーンスタートアップ（Lean Startup）である。Ries（2011）によると，このリーンスタートアップは，顧客からのフィードバックが企業のビジネス仮説と異なるときに行う「構造的な軌道修正」である。

　ベンチャー企業を対象としたピボットに関する研究については，ここ5年前後で特に質的研究を中心として，研究が盛んに行われるようになっている。Alejandra & Augusto（2021）のピボットに関する系統的レビュー論文によると，ピボットについては質的な研究が多く[2]，研究蓄積が進行中の概念であることもあいまって，ピボットの概念については明確に定義されていない。小さな試行錯誤や失敗を受け入れる企業家精神こそが技術系の事業創造の必要条件であるといった考え方であるが，同時にさまざまな意味で使用されている。Alejandra & Augusto（2021）は，系統的レビューにおいて，ピボットを大きく5つ（①変化，②戦略的意思決定，③失敗した時の修正または置換，④プロセスまたはイベント，⑤状態または条件）に分類しレビューしている。Alejandra & Augusto（2021）は，レビュー対象の研究が示すピボットの要素を統合し，ピボットの意思決定に関する4つの理論的枠組みを提示している（**図表1.1**）。

　ここからは，Alejandra & Augusto（2021）によるピボットの分類のうち，本書の中核的なリサーチ・クエスチョンに関連する「②戦略的意思決定」に焦

2　Alejandra & Augusto（2021）の系統的レビューの最終的な分析対象文献数は86件で，そのうち66件が質的研究であり，定量研究12件，混合研究3件，その他5件となっている。

図表I.1 ピボットの意思決定に関する4つの理論的枠組み

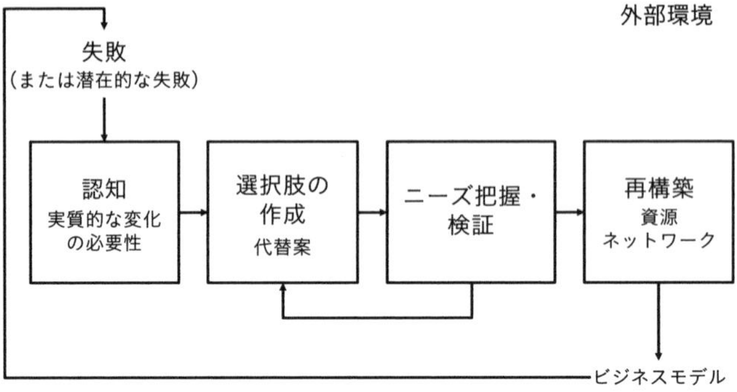

```
                                                          外部環境
        ┌──────────────────────────────────────────────┐
        │    失敗
        │  (または潜在的な失敗)
        │        ↓
        │   ┌──────┐    ┌──────┐    ┌──────┐    ┌──────┐
        │   │ 認知 │ →  │選択肢の│ →  │ニーズ把握│ →  │再構築│
        │   │実質的な変化│  │ 作成 │    │ ・検証 │    │ 資源 │
        │   │の必要性│    │代替案│    │      │    │ネットワーク│
        │   └──────┘    └──────┘    └──────┘    └──────┘
        │                    ↑           │            │
        │                    └───────────┘            ↓
        └──────────────────────────────────── ビジネスモデル
```

出所：Alejandra & Augusto（2021）の図5を筆者翻訳

点を当てる。Kirtley & O'Mahony（2020）は，エネルギーとクリーンテックの革新的技術を開発している7つのベンチャー企業がピボットを遂行する際に実施した，変化の大きいリスクを伴う93個の戦略的決定について，詳細な質的分析により検討した。彼らによると，ピボットは単一の決定では達成されず，一連の決定の積み重ねを通じて行われている。ベンチャー企業は資源が制約されており，現在の行動方針が持続不可能であることが明らかになったとき，企業の生き残りと成長のために自らを変革させるためにピボットという意思決定をする（Hampel et al., 2020）。

また，Kirtley & O'Mahony（2020）は，意思決定者を分析単位とした分析も行っており，意思決定者は，新しい情報が彼らの信念と対立するか，信念を広げた場合にのみ，戦略を変更することを明らかにした。Grimes（2018）は，創業者が事業アイデアを変更するのは，外部からの情報だけでなく，自らのアイデンティティが影響することを指摘している。

さらに，ピボットの意思決定プロセスについても，いくつかの知見が蓄積されている。ピボットの意思決定プロセスには，取引先や投資家，顧客などステークホルダーが影響を与えることが分かっている。ベンチャー企業は，予期せぬ出来事（問題や新たな可能性）が生じた際に，時間的なコミットメント

(マイルストーン達成のタイミングや順序）を変更したとしても，ステークホルダーとの関係性が維持できる場合はピボットをしない（Berends et al., 2021）。一方で，時間的コミットメントを調整したとしても問題に対処できない場合や，事業の新たな可能性が既存のアイデアや関連する既存のステークホルダーとの関係性に容易に適合しない場合に，ピボットする（Berends et al., 2021）。こうしたステークホルダーからのペナルティを受けないようにするために，ベンチャー企業は文化的なツール（共鳴的なストーリー，主張，アイデンティティなど）を使って，ピボットすることを正当化している（McDonald & Gao, 2019）。また，Allen et al.（2024）は，ベンチャー企業にもたらされる情報によりピボットのプロセスが異なることを特定している。すなわち，自社に機会をもたらす情報である場合には，徐々にピボットが行われる一方で，自らの生存に脅威をもたらす情報によって引き起こされる場合は，迅速かつ包括的にピボットが行われている。

　これらの先行研究から，ベンチャー企業のピボットは，自らの生死に影響を及ぼす経営課題に直面する中で，容易に意思決定を行うことができず，またベンチャー企業の意思決定者の心理的な側面とも関連する複雑なプロセスであることが分かる。本書が対象とするバイオベンチャーの場合，製品が技術に依拠することから，Ries（2011）の提唱した顧客・市場の反応を根拠として転換を図るプロセスをはじめ，他の分野の企業とは異なる点が存在することが想定される。特に，創薬を主要事業とするバイオベンチャーの場合は，実験・治験による研究開発を経て，新薬として国に承認されてはじめて上市できるビジネスモデルである。そのため，顧客・市場のフィードバックを得るプロセスはなく，実験・治験の結果がピボットを左右する重大な要素であることが考えられる。

2　出口戦略

　出口戦略という言葉は幅広い意味で使用されている。出口戦略とは，1960年代のベトナム戦争時に米国国防総省内で使われ始め，軍事的もしくは経済的な

損害が続く状況からさまざまなコストを最小限にして撤退する戦略のことであった（Record, 2001）。出口戦略という語はベンチャーやアントレプレナーシップの分野においてもさまざまな定義で使用されている。

ベンチャー企業の出口戦略に関する研究として，おそらく最初に出口戦略について本格的に分析したRonstadt（1986）では，出口を倒産，清算，売却に分類した。その後の研究において，Birley & Westhead（1993），Petty（2000）は，これらの定義をさらに細分化した。これらの定義をベースとして，DeTienne & Cardon（2006）は，「①家族への譲渡，②個人への売却，③他社への売却（M&A），④従業員によるバイアウト（EBO），⑤IPO，⑥清算」と出口のパターンを定義し，出口戦略のタイプによって，出口にいたる要因が異なることを実証分析している。さらに，事業継続の意思決定に焦点を当てたGimeno et al.（1997）の研究では，閾値理論[3]を理論的背景とし，パフォーマンスの閾値が低い企業は，比較的低いパフォーマンスにもかかわらず，事業の継続を選択する可能性が高いことを示した。一方で，起業家個人を分析単位として，その退任に焦点を当てた定義もあり，心理的オーナーシップ（Pierce et al., 2001；Wagner et al., 2003）の存在が複雑に絡み合っており（山田, 2015 a），起業家個人の出口に影響を与えている。

このように，出口戦略はさまざまに定義されており，その出口を決定づける要因についてもあらゆる検討がなされている。ベンチャー企業論やファイナンスの分野においては，ハーベスティング（harvesting：収穫）とも呼ばれ，投下資本を最大限に回収するという意味で使用され，IPOやM&Aを指すのが一般的となっている（山田, 2015 a）。IPOやM&Aは，ベンチャーキャピタル（以下，VCという）を中心とする投資家やベンチャー企業の創業経営者にとって，中長期的に投資を回収するための共通の手段であり，ベンチャー企業にとって成功の重要な指標の一つとされている。先行研究においても，IPOと

---

3 閾値は経済的業績やそれ以外の企業独自の要因により事業を継続するか否かの境目を決定づける水準であり，閾値理論とは事業を継続するかどうかは経済的業績ではなく，企業に固有のパフォーマンスの閾値に依存していることを提唱した理論である。

M&Aは，高いパフォーマンスをあげるベンチャー企業の代理変数として操作化され，多くのファイナンス系の実証研究の対象となってきた。よって，本書の出口戦略については，IPOまたはM&Aの2つを対象として分析する。

2.1　新規株式公開（IPO）

IPOは，「Initial Public Offering」の略であり，未上場の企業が証券取引所に上場して，新規に株式を公開することである。企業は，IPOにより不特定多数の投資家から広く資金調達するとともに，第三者への知名度や社会的な信用を高められる。

IPOを決定づける要因としては，これまで主に3つの理論による説明が展開されてきた[4]。第一は，ライフサイクル理論[5]である。ライフサイクルの初期段階では非公開であるが，ライフサイクルのある段階では，より分散された所有構造を持つことが最適であると考えられており，企業が十分な規模になると，IPOをする（Chemmanur & Fulghieri, 1999）という考え方である。

第二に，マーケット・タイミング理論[6]である。IPOの市場では，企業と株主の間に情報の非対称性が存在する。この場合，企業の株式は最適価格からの乖離が生じ，その結果，企業の株価が一時的に過大評価されたり過小評価されたりすることがある。企業は，市場の状況が好ましく，株価が過大評価されている時にIPOをするという考え方である（Lowry, 2003）。

第三に，エージェンシーコスト理論[7]である。企業が株主の意向に沿った経営行動をとるとは限らないため，企業がIPOすることを通じてエージェンシー

---

[4]　Ritter & Welch（2002）およびHelbing（2019）のIPOに関するレビュー論文を参考にレビューを実施した。

[5]　企業が誕生してから成長し，衰退にいたるまでをステージごとに分けて捉える概念であり，①創業期，②成長期，③成熟期，④変革期，⑤衰退期の5つの段階に分けて議論されることが多い。

[6]　市場の動向を確認しながら，割安のタイミングで株式を購入し，割高のタイミングで株式を売却することやそれを目的とした投資方法に関する考え方のことをいう。

[7]　依頼人（プリンシプル）と代理人（エージェント）間で生じる利害対立に関する理論のことである。ここでは，依頼人＝株主，代理人＝経営者を指し，代理人が依頼人の意向に沿った行動をするとは限らないことから生じる非効率性を，エージェンシーコストという。

コストを削減するという考え方である。企業側にとっては，IPOは資金調達の幅が広がるメリットを享受できるものの，公開企業は厳格な報告・監視・上場基準を遵守しなければならず，管理コストが増加することが指摘されている（Bessler et al., 2017）。

IPOを主題とする研究は，これらの理論を背景に，量的研究を中心として展開されてきた。IPOは，VCやベンチャー企業のパフォーマンスの代理変数として操作化され，IPOに影響を与える要因を分析する研究が多い。特に，VCやベンチャー企業を研究主体として，その特徴を明らかにしようとする研究に焦点が当たっている。これらの多くの研究は，IPOを取り巻く市場環境や国の規制などの外部環境の状況を対象としたマクロレベルのものから，VCやベンチャー企業の人的資本やその属性を対象とするミクロレベルでの分析まで，多様な変数を用いた研究蓄積がなされている。

また，IPOなどのフェーズごとに対応するトップ・マネジメント・チームの役割の変化や交代現象などについての論争も繰り広げられてきた（Wasserman, 2003）。シリコンバレーのハイテクベンチャーでは，さまざまな雇用主の下で働いた経験を持つトップ・マネジメントの存在や多様な経験を持つ人材は，VCからの調達やIPOの達成可能性を高める傾向がある（Beckman et al., 2007）。また，Shane & Stuart（2002）によるマサチューセッツ工科大学発ベンチャーを対象とした実証研究によると，業界経験の豊富な人材が創業チームに参加する場合，パフォーマンスが高く，少なくとも創業者のうち1人が業界での経験を有しているほうが，IPOする確率が高いとの結果が報告されている。

以上から，IPOに関する既存研究は，ミクロレベルのものからマクロレベルまであり，IPOとの関連性やIPO前後での企業のパフォーマンスについて調査したものが多いことが分かる。

2.2　合併と買収（M&A）

M&Aは，「Mergers and Acquisitions」の略であり，2つ以上の会社が1つになること（合併）や，ある会社が他の会社を購入すること（買収）である。

IPOが不特定多数の投資家から資金を調達することに対して，M&Aは基本的に一対一の取引で企業の経営権，事業が売手から買手に譲渡される。M&Aについては，買収側の視点での研究は数多く蓄積されているが，M&Aを決定づける要因に関する代表的な研究は見当たらない。よって，ここでは買収側がM&Aを行う要因についてレビューする。

買収側がM&Aを行う動機は大きく2点ある。1点目は，シナジーの獲得のためであり，買収先の潜在的なシナジーが買収プレミアムを上回るときに，M&Aの意思決定がなされるとされている。2点目は，競争上の優位性獲得のためであり，スピードと新規性を備えたイノベーションを生み出すべく，必要な知識を得るための代替戦略（Uhlenbruck et al., 2006）としてM&Aが選択される。

ただし，M&Aは失敗する事例も少なくない。その理由として，経営者が買収時に高いプレミアムを払いすぎてしまうこと（Mathew et al., 1997）や買収された側の従業員のモチベーション低下（Buono & Bowditch, 2003）などが挙げられている。

M&Aを主題とする研究は，IPOに関する研究と同傾向の研究蓄積がなされている。すなわち，量的研究が中心で，VCやベンチャー企業のパフォーマンスの代理変数としてM&Aが操作化されている。また，M&Aに影響を与えるVCやベンチャー企業の人的資本やその属性を分析する研究が多い[8]。

3　本書が示す議論の位置づけ

本章1および2では，本書が対象とする概念であるピボットと出口戦略について個々にレビューを行ってきた。1で述べたとおり，ベンチャー企業のピボットに関する研究は，近年関心が高まっている領域であることがレビューにより明らかになった。一方で，ピボットの要因や意思決定にいたるプロセス，

---

[8] 例えば，Amor & Kooli（2020）やCotei & Farhat（2018）が一例である。

意思決定後のパフォーマンスなど，未知の部分が多い。また，2のとおり，出口戦略に関する研究，特にIPO・M&Aについては，IPO・M&A前後のパフォーマンスを比較するものや，ベンチャー企業のパフォーマンスの代理変数として用いられ，その要因を分析する研究が多く見られた。また，IPOまたはM&Aを同時に従属変数として取り上げた研究[9]やIPOとM&Aの選択要因に関する研究も蓄積されてきている[10]。

　ただし，ベンチャー企業がIPO・M&Aにいたるプロセスにおいて，ピボットは重要な概念であることが先行研究からも想起されるにもかかわらず，ピボットと出口戦略との関係性に接近した研究はほとんどない。**図表I.2**は，ピボットおよび出口戦略（IPOとM&A）に関する系統的レビューを行った結果である。検索で使用したデータベースはScopusで，検索項目は「論文タイトル，抄録，キーワード」を選択し，ピボットおよび出口戦略（IPOとM&A）に関するキーワード検索を行った。検索日は2023年3月28日で，出版の対象期間は限定せずに検索を行った。また，検索する分野は，本書が想定していない文献がヒットすることを避けるため，検索対象をSocial Sciences（社会科学），Economics, Econometrics and Finance（経済学，計量経済学，金融），Business, Management and Accounting（ビジネス，経営および会計），Decision Sciences（意思決定科学）の分野に限定した。

　検索結果は以下のとおりである。"pivot" をキーワードとした検索ヒット件数は3,604件，出口戦略（IPOとM&A）については，（"IPO" OR "initial public offering*" OR "M&A" OR "mergers and acquisitions*" OR "exit" OR "exit strategy*"）と，IPOとM&A以外の出口も含め出口戦略に関するキーワードを組み合わせてOR検索を行い，57,913件がヒットした。また，これら2つのキーワードをAND検索，すなわち（"pivot" AND（"IPO" OR "initial public offering*" OR "M&A" OR "mergers and acquisitions*" OR

9　例えば，Espenlaub et al.（2015）やWang & Wang（2012）が一例である。
10　例えば，Bertoni & Groh（2014）やBrinster et al.（2020）が一例である。

図表1.2　ピボットと出口戦略（IPO・M&A）に関する系統的レビューの検索結果

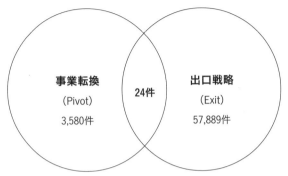

出所：筆者作成

"exit" OR "exit strategy*"））と検索したところ，ほとんどの文献が除外され24件のみがヒットした[11]。系統的レビューの結果から，ピボットと出口戦略との関係性に接近した研究はほとんどないことが分かる。

さらには，24件の文献の内容について確認したところ，本書の関心と最も近いものとして，上記「1.2　ベンチャー企業論におけるピボットの位置づけ」でレビューしたKirtley & O'Mahony（2020）がヒットし，当該論文が本書の鍵論文になりうることを確認した。その他の文献については，分析単位が国家で，外交上の戦略転換に関する文献[12]が複数件見つかったものの，本書が対象とするベンチャー企業のピボットに焦点を当てた文献は見当たらなかった。また，出口戦略においても，軍事的な文脈での撤退戦略に関する文献が1件のみで，本書が焦点を当てる出口戦略の文脈で執筆された論文は見当たらなかった。

以上から，本書が明らかにしようとするピボットとIPOまたはM&Aによる

11　なお，大阪公立大学において使用可能なEbscohostのデータベースにすべてチェックを入れて同様のキーワードにてAND検索を行った結果，29件がヒットし，Scopusでの検索結果と重複する形で，ほぼ同様の結果が得られた。

12　Wu（2005），Effiom & Ubi（2017），Peterson（2018），Alam（2020），Slavin（2021）が外交上の戦略転換の文脈でヒットした文献である。

出口戦略との関係性は重要であり，さらに調査の必要なテーマであるにもかかわらず，見落とされてきた課題であり，本書は，実務的にも理論的にも貢献できるものであると考えられる。

4　小括

　第1章では，本書の対象であるバイオベンチャーについて，その特徴を中心にレビューするとともに，本書の主要なテーマである「IPOまたはM&Aによる出口戦略」および「ピボット」に関する文献についてレビューを行ってきた。その結果，IPOまたはM&Aによる出口戦略に関する研究は古くから研究蓄積がなされてきたテーマである一方で，ピボットに関してはここ5年前後で急速に研究が盛んとなってきたテーマであることが分かった。

　また，ピボットの意思決定がその企業の生死を分かつ行為であるとして，Ries（2011）のリーンスタートアップが世に知られるようになって以降，ピボットが実務的な関心事項として，取り上げられるようになってきた。

　一方で，この2つの概念「IPOまたはM&Aによる出口戦略」および「ピボット」について，個々の研究蓄積はあるものの，両者が交差するテーマについては，意外にもほとんど研究蓄積がないことが分かった。

第 2 章

混合研究法によるアプローチ

　第2章では，本書の分析の全体像を示すとともに，本書の対象である「バイオベンチャー」のビジネスモデルやその特性について取り上げ，本書の分析対象となるデータを説明する。合わせて，本書で用いた研究手法である「混合研究法」による研究アプローチについて解説する。

1　分析の全体像

　本書は，「ベンチャー企業はIPOまたはM&Aによる出口を目指すにあたり，ピボットの意思決定をどのように行っているのか」という中核的なリサーチ・クエスチョンに対して，混合研究法により答えようとするものである。本書の具体的な分析プロセスは**図表2.1**のとおりである。第3章および第4章にて量的分析を行い，第3章・第4章で得られた量的分析の結果がどのようにして生じたのかについて，第5～7章にて質的分析を行った。具体的には，まず第3章にてピボットの要因を，第4章ではIPOとM&Aによる出口戦略とピボットとの関係性について量的分析を行った。次に第3章・第4章にて得られたピボットの要因およびピボットとIPOとM&Aによる出口戦略との関係性がいか

図表2.1　本書の枠組み

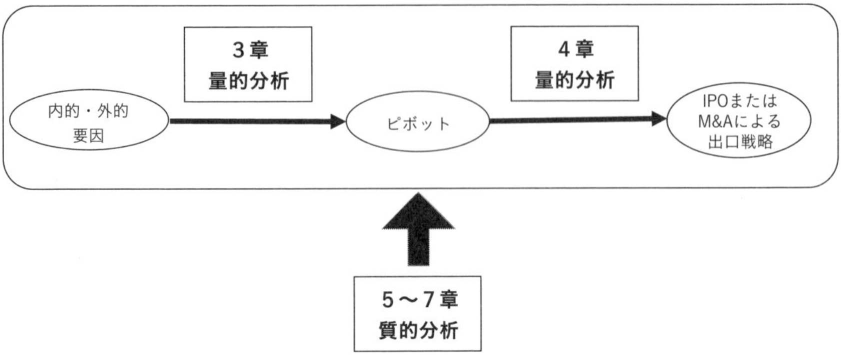

```
内的・外的    →  3章       →  ピボット  →  4章        →  IPOまたは
要因            量的分析                    量的分析      M&Aによる
                                                         出口戦略
                              ↑
                          5～7章
                          質的分析
```

出所：筆者作成

にして生じたのかを第5～7章にてインタビューを通じた質的分析を実施した。

2　混合研究法による分析枠組み

　本書では，方法論として混合研究法を採用した分析を行った。ジョン・W・クレスウェル（2017）は，混合研究法を次のように定義している。

　「研究課題を理解するために，（閉鎖型の質問による）量的データと（開放型の質問による）質的データの両方を収集し，2つを統合し，両方のデータがもつ強みを合わせたところから解釈を導き出す，社会，行動，そして健康科学における研究アプローチである」。

　混合研究法は，看護学，教育学，教育評価学といった応用研究の分野が発祥で，1980年代末または1990年代以降に質的研究と量的研究のハイブリッドなアプローチとして議論され始めたとされている（抱井，2015）。混合研究法をめぐっては，質的研究と量的研究の依拠する存在論[1]，認識論[2]，方法論において異なる立場であることから，質的研究と量的研究を統合することは，両立不可

能なものとされてきた。その後，プラグマティズム[3]を基礎づけ，両者が両立可能であるという考え方を提唱する科学者も現れ，以降「第三の研究アプローチ」として独自のフィールドを築き上げてきた（抱井，2015）。

ジョン・W・クレスウェル（2017）は，混合研究法の代表的なアプローチとして，3つの基本型デザイン[4]と3つの応用型デザインを紹介している。本書では，この3つの基本型デザインの1つである説明的順次デザインを採用した。説明的順次デザインは，まず量的データを収集・分析し，次に量的分析により得られた結果を説明するために質的分析を行うというプロセスである。すなわち，量的分析において得られた結果が具体的にどのようにして生起したのかについて，質的分析を通じて説明しようとするアプローチである。

本書では，次節で説明する「バイオベンチャー」を対象としたサーベイデータによる量的分析を実施し，その結果に関するプロセスを質的分析により明らかにしようとしている。

3　分析対象（バイオベンチャーについて）

本書は，ベンチャー企業の中でも，バイオベンチャーと呼ばれる企業を対象として分析を実施した。東京証券取引所（2021）によると，バイオベンチャーとは，ライフサイエンス分野のベンチャー企業のことであり，医薬品のほか，医療機器，再生医療等の製品，医療分野のプラットフォーム技術，ヘルスケア（機能性表示食品など）もバイオベンチャーに含まれる。その中でも，新薬の

1　私たちの知識の対象が（私たちとは独立して）そこに存在するのか，しないのかという問いに対する議論を意味する問題意識のこと（野村，2017）。
2　私たちが世の中について何をどのように知ることができるかという点についての考え方のことであり，その人のとる存在論的立場によって規定される（野村，2017）。
3　物事の真理や価値をその実際の効果や実用性によって判断する哲学的な考え方
4　質的データを先に収集・分析し，次に測定尺度や介入の開発を行った後に，量的分析を実施するアプローチを「探索的順次デザイン」という。また，量的および質的データの収集と分析を別々に実施し，その分析結果を統合するアプローチを「収斂デザイン」と呼ぶ（ジョン・W・クレスウェル，2017）

開発を事業とするベンチャー企業は「創薬系バイオベンチャー」と呼ばれている。すなわち，これらの用語の関係性は**図表2.2**のとおりである。

　ライフサイエンス分野の産業は市場規模が大きく，成長産業であると位置づけられており，その重要性は高まってきている。一方で，医薬品開発（以下，創薬という）の場合，基礎研究・非臨床試験・臨床試験を経て，厚生労働省への申請・製造販売承認まで約9〜16年要し，新薬として販売にいたる化合物は，全体の約22,000分の1とされている（日本製薬工業協会，2021）。また，こうした上市にいたるまでの研究開発には莫大な資金が先行投資として必要となることから，バイオベンチャーはVC等から投資を受けたり，国内外の大手製薬会社とのアライアンスによって，開発の進捗状況に応じたマイルストーン収入を得たり，上市した新薬の販売に応じたロイヤルティ収入を得ることにより，研究開発資金をカバーしている（東京証券取引所，2021）。

　出口戦略との関連では，日本でのバイオベンチャーのIPOは，2001年以降おおよそ年間複数件で推移している（特許庁，2020）。他の産業とビジネスモデルが異なることから，東京証券取引所は，バイオベンチャーのIPOへのスタンスとして，一定程度の蓋然性を求めており，特に開発品の有効性や開発・事業化の見通しを審査ポイントとして提示している（東京証券取引所，2018）。一

図表2.2 バイオベンチャーと創薬系バイオベンチャーの違い

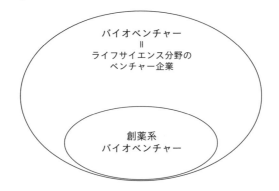

出所：筆者作成

方で，M&Aについては，製薬会社がある程度芽を出しつつあるシーズを入手することを目的として行われることが多い。国内のバイオベンチャーが買収された事例は少ないが，欧米においては，バイオベンチャーを買収することにより新技術を取り込むことが主流となっている（国立研究開発法人科学技術振興機構 研究開発戦略センター，2021）。

　日本のバイオベンチャーに関しては，大滝・西澤（2014）が，鶴岡で創出した大学発バイオベンチャーを対象とした事例分析により，地域主導の支援の仕組みがIPOの実現に必要であったことを主張している。上述のとおり，バイオベンチャーは上市するまでの研究開発に多額の資金を要することから，こうした公的機関や企業，大学などによる初期開発段階からの支援と連携を有効に活用することが重要である（本庄ほか，2010）。また，VCの支援を受けたバイオベンチャーは，短期間で株式公開する傾向がある（Honjo & Nagaoka, 2018）という日本のバイオベンチャーを対象とした実証結果も報告されており，資金面での支援の重要性が多く指摘されている。

4　データ

　収集したデータは**図表2.3**のとおりである。本書では，バイオベンチャーを対象としたアンケート調査によりデータの収集を行った。データの収集には，アンケート調査票を郵送・メールにて送付し，回答を得る方法を採用した。具体的には，「医療系ベンチャーに関する意識調査のお願い」として，2018年11月16日（金）にアンケート調査票を発送し，2018年12月14日（金）までを締め切りとした。アンケート調査票は，文部科学省科学技術・学術政策研究所および経済産業省が保有する，またオリジナルに調査した医療系ベンチャー企業に関するデータベースに登録のあるバイオベンチャー605社に郵送・メール送付し，167社より回答を得た（回収率27.60％）。本調査は，文部科学省科学技術・学術政策研究所第2調査研究グループおよび厚生労働省医政局経済課ベンチャー等支援戦略室が主体のもとで行っている。

図表2.3　収集したデータ

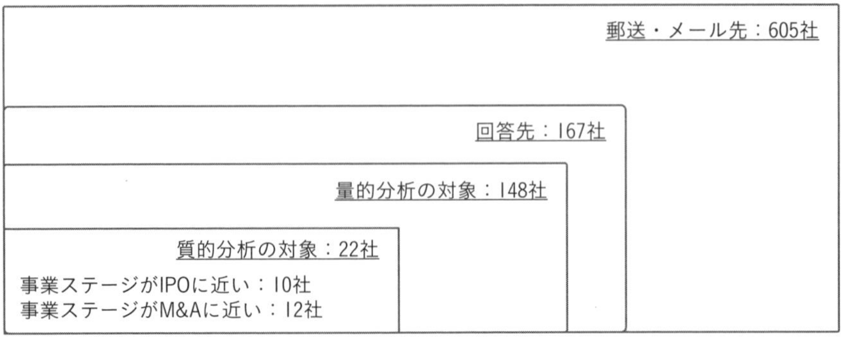

```
郵送・メール先：605社
　　回答先：167社
　　　量的分析の対象：148社
　　　　質的分析の対象：22社
事業ステージがIPOに近い：10社
事業ステージがM&Aに近い：12社
```

出所：筆者作成

　第3章および第4章の量的分析では，回答を得た167社から19件を除去し，最終的に148社を対象とした分析を行った。回答19件を除去したのは，第3章にて因子分析を行うにあたり，分析に必要な変数に欠測値のある回答を除去する必要があったためである。

　第5章の質的分析では148社のうち，9社を対象とした分析を行った。具体的には，アンケート調査票の設問「メインで開発されている製品における貴社の事業フェーズにもっとも近いものを1つ選んでください」に対する選択肢「法人設立後～基礎研究」「ビジネスモデル確立」「IPO」「M&A」の中で，「IPO」または「M&A」と回答した22社[5]をインタビュー候補先としてインタビューの依頼を行い，最終的に9社の協力が得られた[6]。9社の内訳は，**図表2.4**のとおり，ピボットの経験があると回答した企業が4社，ピボットの経験がないと回答した企業が5社である。

　なお，インタビューの依頼は，22社に依頼状を郵送した。依頼状には，インタビューの趣旨および質問内容，研究倫理上の配慮，質問内容を記載し，研究

---

[5] 22社の内訳は，IPOに事業フェーズが近いと回答した企業が10社，M&Aに事業フェーズが近いと回答した企業が12社である。
[6] インタビュー先の詳細は第5章および6章にて説明する。

図表2.4 質的分析の対象

		Exit（IPO or M&A）
ピボット	経験あり	4社 ※5社はインタビューNG
	経験なし	5社 ※8社はインタビューNG

出所：筆者作成

協力の了解が得られる企業を募った。9社へのインタビューは，コロナ禍により，インタビュー調査を実施することが困難な状況にあったため，全てオンラインWeb会議サービスであるZoomを用いて，オンラインによる半構造化インタビューを実施した。インタビュー開始前に，文字起こしのみを利用目的とする旨説明し，レコーディングの許可を得て，インタビュー内容のレコーディングを行った。インタビュー実施後の文字起こしは，9社中8社は自動文字起こし専用のアプリケーションNottaを使用して行った。その後，著者が再度レコーディングした音声を聴きながら，Nottaにより文字起こしをしたスクリプトの誤字・脱字の修正を行い，質的データを完成させた。残りの1社であるF社については，文字起こしの時間に制約があり，株式会社アラジンが提供する文字起こしサービス「データグリーン（DATA GREEN）[7]」に文字起こしの業務を委託し，質的データを取得した。

5　変数の定義と基本統計量

変数の定義の一覧は**図表2.5**のとおりである。ここでは，分析対象となるバ

---

[7] 文字起こしサービス「データグリーン（DATA GREEN）」の詳細は，同社の以下のHPに説明されている（https://www.data-green.jp/）。

30　第Ⅰ部　理論編

図表2.5　変数の定義

変数名	変数の定義
Pivot	過去に「ピボット」を実施していれば1，それ以外は0
f1_strategy_finance	経営戦略・資本政策に関する課題への対応状況
f2_collabo_capability	連携能力に関する課題への対応状況
f3_ip_strategy	知財戦略に関する課題への対応状況
f4_tech_management	品質管理に関する課題への対応状況
f5_external_environment	外部環境の把握に関する課題への対応状況
CEO_startmember	CEO[8]が創業時メンバーであれば1，そうでなければ0
lnage	創業からの経過年数の自然対数
Year	創業からの経過年数
Exit	事業フェーズが「IPO」「M&A」の場合は1，それ以外は0
Market	事業フェーズが「ビジネスモデル確立」の場合は1，それ以外は0
product_medicine	産業ダミー（メインの開発製品が医薬品なら1，その他0）
product_equipment	産業ダミー（メインの開発製品が医療機器なら1，その他0）
product_regenerative	産業ダミー（メインの開発製品が再生医療等製品なら1，その他0）
product_platform	産業ダミー（メインの開発製品が（医療分野の）プラットフォーム技術なら1，その他0）
product_healthcare	産業ダミー（メインの開発製品がヘルスケア（現在薬事承認規制外）なら1，その他0）
vc	VCからの調達経験があれば1，そうでなければ0
profit	経常利益が出ていれば1，そうでなければ0
alliance	主要技術を大学・公的機関または企業と共同研究開発していれば1，そうでなければ0

（注）　f1〜f5は，図表3.1に記載の18個の経営課題への対応に関する質問を5つの構成因子で表した際の因子得点
出所：筆者作成

イオベンチャーの基本的な特徴について基本統計量を**図表2.6**に要約する。まず，ピボットの経験については，アンケート設問の中でピボットの定義を「メインの開発製品分野やターゲット市場を大幅に転換すること」と説明したうえで，ピボットの経験があるかどうかを質問している。

ピボットの定義については，先行研究レビューの中でも指摘したとおり，さまざまに定義されているが，本書ではバイオベンチャーを対象としたピボット

8　Chief Executive Officerの略称。最高経営責任者と呼ばれ，日本では代表取締役と同じ意味で使用されることが多いが，代表取締役は会社法に規定された存在であり，法律上の権限を持つのに対して，CEOは法律上の権限を有しないことが相違点である。

図表2.6　基本統計量

変数名	N	Mean	Median	St. Dev.	Min	Pctl (25)	Pctl (75)
f1_strategy_finance	148	0	0.072	1.350	-3.342	-0.873	0.825
f2_collabo_capability	148	0	0.003	1.243	-3.118	-0.766	0.892
f3_ip_strategy	148	0	0.119	1.283	-3.042	-0.985	0.896
f4_tech_management	148	0	0.117	1.177	-4.538	-0.789	0.790
f5_external_environment	148	0	-0.068	1.255	-3.007	-0.863	0.886
CEO_startmember	148	0.750	1	0.434	0	0.8	1
Year	148	13.642	13.500	9.275	2	7.8	18
lnage	148	2.439	2.602	0.610	0.693	2.046	2.890
Exit	146	0.144	0	0.352	0	0	0
Market	146	0.603	1	0.491	0	0	1
product_medicine	147	0.265	0	0.443	0	0	1
product_equipment	147	0.224	0	0.419	0	0	0
product_regenerative	147	0.068	0	0.253	0	0	0
product_platform	147	0.184	0	0.389	0	0	0
product_healthcare	147	0.259	0	0.439	0	0	1
Pivot	146	0.342	0	0.476	0	0	1

(注)　N：サンプル数，Mean：平均値，Median：中央値，St. Dev.：標準偏差，Min：最小値，Pctl (25)：第1四分位，Pctl (75)：3四分位，Max：最大値
出所：筆者作成

に焦点を当てることから，事業の技術的側面と市場的側面の両方を考慮する必要があるため，「メインの開発製品分野やターゲット市場を大幅に転換すること」と定義とした。このピボットの経験に関する質問回答では，欠測値のある2社を除く146社のうち，50社がピボットを経験しており，全体の約34％がピボットを経験していることが分かる。バイオベンチャーは高度な知的財産を有することが想定されるが，そのような中で34％ものベンチャー企業がピボットを経験していることは意外な結果である。

次に，事業フェーズについてである。「IPOまたはM&A（Exit）」段階にある企業は，因子分析に必要なデータに欠測値のある2社を除く146社のうち21社で，残りの125社がIPOまたはM&Aの事業フェーズにいたっていない[9]。また，

9　第3章・第4章における実証分析は，事業フェーズがIPOまたはM&A段階にある企業21社を対象に分析を実施したが，第5章の質的分析では，因子分析に必要なデータに欠測値のあった1社を加えた22社にインタビューによる研究協力の依頼を行った。

「ビジネスモデル確立（Market）」段階にあるのは，欠測値のある2社を除く146社のうち88社で，全体の約60％がこのフェーズにいることになる。すなわち，ビジネスモデルを確立することを想定する中で，多くのバイオベンチャーがピボットを考慮しているといえるのかもしれない。

次に，創業年数である。創業年数は平均13.642年，中央値13.5年，標準偏差9.275年となっている。分析対象には，創業年数が94年という企業が1社含まれており，当該企業を除いたうえでも平均値は13.095年，中央値13年と大きな差はないが，標準偏差6.487年と2.788年短縮された。

このように，創業から一定期間を経た企業が比較的多い中でも，CEOが創業者である企業が比較的多いことは意外な結果であった。148社のうち，111社においてCEOが創業者であり，残りの37社はCEOが創業者ではないことを意味している。すなわち，バイオベンチャーにおいてCEOの多くは創業者が務めている可能性が高いことが分かる。これはバイオや医療分野という，知的財産の重要性の高い業界であることが影響しているのだろう。

対象企業が取り扱うメインの開発製品は，「医薬品」「医療機器」「再生医療等製品」「(医療分野の) プラットフォーム技術」「ヘルスケア（現在薬事承認規制外）」の5つである。その内訳は，欠測値のあった1社を除く147社のうち，医薬品39社，医療機器33社，再生医療等製品10社，プラットフォーム技術27社，ヘルスケア38社となっている。

6　小括

第2章では，本書の全体的な研究の枠組みと方法および収集したデータに関して説明した。本書では，混合研究法による説明的順次アプローチにて研究を実施しており，次章以降にてその具体的な分析とその結果について詳述していく。

第 II 部

量的分析編

第 3 章

何がピボットを促すのか

　第3章ではピボットの要因について分析する。
　「ベンチャー企業はどのような要因によってピボットをするのだろうか」
　この問いを検証するために，バイオベンチャー148社のデータを対象として量的分析を実施した。本章では，この分析結果について説明し，既存の理論を用いながら，ピボットの要因に関する考察を示す。

1　仮説の検討

1.1　経営課題への適合とピボット

　斬新なイノベーションを開発する過程にあるベンチャー企業は，経営上の多くの不確実な課題に直面しながら，自らが行う事業をアイデアから事業コンセプトへと具体化し，市場性のある製品やサービスに移行する。実際に起業家的な組織は，「遂行から戦略を立てる」アプローチを追求しているのであり，経験的には事前に知られていなかった需要とのギャップを埋めながら戦略を学習し，変更するという明確な意図がある（Ott et al., 2017）。

Kirtley & O'Mahony（2020）によれば，重要な意思決定の引き金となる情報が，経営財務や組織構造，さらに取引先などの利害関係や基幹技術に関連しており，経営戦略の根幹に関わる理念や信念と対立するものである場合，経営者は戦略の一部を変更することを選択する。彼らは，このピボットは，経営戦略の方向を転換させるにいたるまでの意思決定の累積的で複雑な過程であることを示唆した。この背景には，複雑で，不確実性の高い経営環境への適合に向けたいくつもの意思決定が内在していると考えられる。

　関連したアプローチとして，山田（2015ａ）は日本の大学発ベンチャーにおける4社のピボットの比較事例分析により，技術開発の変更事案の決定をめぐって，企業家チーム内の知的財産や株式保有，資本政策などのガバナンス要因が複雑に絡み合うことで，メンバーの進退も関わる過程があったと報告している。このように，ベンチャー企業と外部の利害関係者との調整に起因する経営環境に対する対応や，内部の知的財産やガバナンスに対する課題認識が，ピボットに影響を与えていることが予想される。そこで，次の仮説1を提示する。

仮説1
経営環境への対応を重視するバイオベンチャーほど，ピボットを経験している

1.2　創業者とピボット

　バイオベンチャーは，独自性の高い技術資源が存立基盤である。大学発ベンチャーでは，その母体となる大学の研究を担う教員の質が成功に大きく影響し，基軸となる技術の開発者が業務経験を経てCEOの役割を果たしうるまでに成長することが現実的であるという知見もある（Clarysse & Moray, 2004）。起業時には，革新的な先端技術であればあるほど，外的な利害関係者や専門領域の学界や関連政府機関に対して正統化活動を行うことで不確実性を縮減し，事業に対する信頼性を高める必要がある（Aldrich & Fiol, 1994；山田, 2006）。

一方，Louis et al.（1989）は，大学発ベンチャーの創出活動を比較した先行研究の中では，アメリカにおいても自らの研究成果をもとに起業活動を行って成功する研究者が多くはなく，ライフサイエンス分野において，大学教員が自らの研究を基盤とした企業の株主として関与している教員は7％であると報告している。また，Shane（2004）はマサチューセッツ工科大学発ベンチャーを対象とした調査を行い，大学の研究者は，既存企業への発明のライセンシングが失敗したときにベンチャーを設立している傾向があると報告している。研究者が発明技術に関わるベンチャーの設立や事業展開に関与することが多い理由として，研究者が発明者として当該発明の事業機会の探索と発見の確度を高めること，事業化の加速においても彼らの豊富な暗黙知が有益である（Etzkowitz, 1998；Lowe, 2006）ことが指摘されている。

　開発者のマネジメントへの関与が直接的なほうが良いのか，間接的なほうが良いのか，開発者自身がCEOへと成長するべきか，技術に密着したアドバイザー的役割を果たすべきかについては議論が分かれる。山田（2015ｂ）においても，大学発ベンチャーの財務的成果（売上高利益率）と，経営者となる人材の属性およびアカデミアの人材が経営に関与することは，ともにマイナスあるいは関連性はない傾向を示唆するものであった。また山田・松岡（2014）では，バイオベンチャーの経営戦略の転換の過程において，創業者である大学研究者がピボットならびに上場や事業売却など戦略的意思決定に影響するパターンの事例を報告している。

　このように，創業者CEOは事業方針の転換にポジティブである可能性およびネガティブである可能性の両方が考えられる。したがって本章では，以下の2つの仮説2を提示する。

仮説2

CEOが創業者の場合ほど，ピボットを経験している（H2-1）

CEOが創業者の場合ほど，ピボットを経験していない（H2-2）

2 変数

2.1 従属変数の設定：Pivot

　従属変数は，過去にピボットの経験があるかどうかを示しており，経験がある場合は「1」，経験がない場合は「0」としたダミー変数で，変数名を"Pivot"とした。設問では，「貴社はこれまで，メインの開発製品分野やターゲット市場を大幅に転換されたことはありますか。その事業方向転換（ピボット）を行った際のフェーズをお答えください」という設問に対して，「法人設立後〜基礎研究」，「ビジネスモデル確立」「IPO」「M&A」「ピボットなし」という形式で回答を受けている。

　各フェーズ別にピボットの経験について確認したうえで検証することも可能であるが，ピボットの件数自体が少数であること，またサンプルサイズの問題によって困難であることから，「ピボットなし」の回答があった場合，ピボットの経験がないバイオベンチャーとして識別することとしている。

2.2 独立変数の設定1：5つの因子（Factors）

　独立変数は，経営課題への対応に関する因子を設定する。バイオベンチャーは，さまざまな経営環境に基づく課題を有することが予想される。Shane（2004）によると，大学発ベンチャーの技術の大半は基礎研究の副産物であり，技術そのものに不確実性が存在することに加え，その技術が市場に受け入れられるかどうかにおいても不確実性が存在する。つまり，大学発ベンチャーの発展には，技術にまつわる内的な課題と市場との適合に関する外的課題があると整理できる。本章では，このShane（2004）の含意に加えて，経済産業省，規制改革推進会議 医療・介護ワーキンググループ，みずほ情報総研株式会社が実施した国立研究開発法人新エネルギー・産業技術総合開発機構「研究開発型ベンチャー企業の資本戦略のあり方に関する検討」における調査を参考として，

数度の打ち合せや修正を繰り返し，経営課題への対応として次の設問項目を設定した。すなわち，「開発フェーズにあわせた資本政策の立案能力」「Exit（出口）までの具体的な資本構成の設計」「資本政策のリテラシー」「戦略実施に必要な資金調達やExit戦略を担う責任者」「次のステージに進むために必要な資金」「外部投資家との対等な目線での交渉力」「経営方針や企業戦略の責任者」「事業会社との事業提携交渉ができる人材」「事業会社との契約ができる人材」「海外ビジネスの経験をもって，海外展開の戦略を描けるような人材」「特許戦略の立案」「大学や企業との知財権利関係の整理」「知財戦略を立案できる人材」「品質管理ができる人材」「薬事対応できる人材」「製薬企業目線でのデータの再現性を担保するような取り組み」「同業他社の技術動向の把握」「将来事業提携する可能性のある事業会社の戦略の把握」の18項目である。経営課題の各因子を構成する18項目の設問に対する設定理由・根拠については，**図表3.1**のとおりである。これらの各設問について，「貴社の経営課題への対応についておたずねします。以下の項目について貴社の対応をお答えください」とし，「1．不十分　2．やや不十分　3．どちらともいえない　4．やや十分　5．十分」の5段階のリッカート尺度によって調査している。

　ここで得られた回答に対してプロマックス回転を用いて算出した因子得点を算定し，「資本政策」「連携能力」「知財戦略」「品質管理」「外部環境の把握」という5つの因子を抽出した。5つの因子による累積因子寄与率は，0.661であり，5つの因子で18項目の経営課題への対応に関する質問の66.1％が説明できている。また，当該因子分析モデルは，自由度73，χ二乗値87.28，p値0.122であり，帰無仮説は有意水準5％で棄却されず，モデル適合度は優れている。

　また，上記の5つの因子が内外の経営環境への適応状況を捉えるために適しているかについて，検討を重ねている。この因子分析の結果は，**図表3.2**のとおりである。

　第一に，「資本政策」の視点である。磯崎（2015）は，資本政策の重要性と合わせ，投資家向けの事業計画において，状況の変化に応じて臨機応変に対応することの重要性を指摘している。バイオベンチャーにとって，VCをはじめ

とする資金調達先との連携は新製品開発に必須であり，Honjo & Nagaoka (2018) は，日本のバイオベンチャーのうち，当初からVCの支援を受けている大学発ベンチャーであるほど，短期間で株式上場にいたっていることを明らかにした。Shane (2004) は，十分な資金調達がベンチャー企業の成長を促す一方で，資金調達先との間に不確実性と情報の非対称性が存在することから，資金調達の難しさにも言及している。

　第二に，外的な課題としての「連携能力」の視点である。小橋 (2013) は，資源依存パースペクティブの理論的展開をレビューする中で，組織間の相互依存性を不確実性の源泉として捉え，企業は相互依存性に働きかけることによって，不確実性を下げようとすると説明している。バイオベンチャーを対象とした議論では，大学から知識・人材を受け入れ，製薬企業との連携により出口を目指す組織間関係が整理されており（木川，2017），こうしたバイオベンチャーが他の組織とのアライアンスを組むことがさまざまな便益をもたらす（本庄ほか，2010）ことが指摘されている。

　第三に，「知財戦略」に関する課題である。Shane (2004) は，大学技術の特徴として，知的財産として保護されていることを挙げ，知的財産が起業時点ではベンチャー企業にとっての唯一の競争優位性であることを指摘している。さらにTeece (1987) は，権利保護の視点からもし技術面・市場面で不確実性があったとしても，競合相手が模倣する前にベンチャー企業自身が市場ニーズに適合させることが重要であるという点を指摘している。さらに，市場への適合の観点では，知的財産は新しい市場を創出するマーケティングツールと捉えて活用されることを通じて，事業戦略の構築に貢献している（Sugimitsu, 2017）。

　第四に，「品質管理」に関する課題である。Shane (2004) は，製品開発プロセスには，発明を製品やサービスに転換するプロセスと製品やサービスを市場環境の標準に合致しているかどうかを確認するプロセスが存在することを指摘している。また，そのプロセスは多岐にわたりかつ時間を要することから，不確実性が存在することを指摘しており，こうした一連の製品開発プロセスを

図表3.1 各因子を構成する18項目の設問に対する設定理由・根拠

1	開発フェーズにあわせた資本政策の立案能力	フェーズによって異なるバイオベンチャーの資金ニーズに対して、株主構成を意識した適切な資金調達が行えるか否かが、その後のコーポレートガバナンス、経営・運営面で重要な要素であるという課題認識から設計した。
2	Exit（出口）までの具体的な資本構成の設計	株主構成を意識した適切な資金調達が行えるか否かが、Exit（出口）戦略の一つとして重要な要素であるという課題認識から設計した。
3	資本政策のリテラシー	適切な資本構成を意識した資金調達能力の有無がベンチャーのコーポレートガバナンス、経営・運営面を左右する重要な要素であるという課題認識から設計した。
4	戦略実施に必要な資金調達やExit戦略を担う責任者	経営戦略を適切に設計できるトップ・マネジメントの存在が、ベンチャーの生死を左右するという課題認識から設計した。
5	次のステージに進むために必要な資金	バイオベンチャーは、研究・開発・事業化・産業化のプロセスにおいて多額の資金が必要となるという課題認識から設計した。
6	外部投資家との対等な目線での交渉力	対等な目線での外部投資家との交渉力の有無が、資本政策において重要な要素であるという課題認識から設計した。
7	経営方針や企業戦略の責任者	適切な経営方針や企業戦略を設計できるトップ・マネジメントの存在が、ベンチャーの生死を左右するという課題認識から設計した。
8	事業会社との事業提携交渉ができる人材	バイオベンチャーの技術をマーケティング、ライセンス供与を行ううえで、事業会社との調整・交渉ができる人材が必要であるという人的な課題認識から設計した。
9	事業会社との契約ができる人材	バイオベンチャーの技術をマーケティング、ライセンス供与を行ううえで、契約交渉を優位に進められる人材が必要であるという人的な課題認識から設計した。
10	海外ビジネスの経験をもって、海外展開の戦略を描けるような人材	バイオベンチャーが海外市場への進出を企図する場合に、海外戦略を描ける人材が必要であるという課題認識から設計した。
11	特許戦略の立案	バイオベンチャーのシーズの大半は大学発であることが想定される中、シーズの実用化に向けた特許戦略が十分に検討されていないという課題認識から設計した。
12	大学や企業との知財権利関係の整理	バイオベンチャーのシーズの大半は大学発であることが想定される中、大学・ベンチャー側での知財関係が十分に整理されていないという課題認識から設計した。
13	知財戦略を立案できる人材	バイオベンチャーのシーズの大半は大学発であることが想定される中、シーズの実用化に向けた特許戦略を立案できる人材が必要であるという人的な課題認識から設計した。
14	品質管理ができる人材	バイオベンチャーのシーズの大半は大学発であることが想定される中、シーズの実用化に向けた技術水準の的確な管理が重要であるという技術的側面における課題認識から設計した。
15	薬事対応できる人材	バイオベンチャーにおいて、薬事対応のできる人材は必要であるという技術的・人的な課題認識から設計した。
16	製薬企業目線でのデータの再現性を担保するような取り組み	顧客企業のニーズに合った製品やサービスに、バイオベンチャーのシーズが適応できていないという課題意識から設計した。
17	同業他社の技術動向の把握	技術的な水準が、バイオベンチャーの競争優位性の重要な要素であるという課題認識から設計した。
18	将来事業提携する可能性のある事業会社の戦略の把握	バイオベンチャーの技術をマーケティング、ライセンス供与を行ううえで、相手先企業の事業戦略の把握が、事業提携における重要な要素であるという課題認識から設計した。

出所：筆者作成

図表3.2　経営環境への対応に関する因子分析の結果

経営環境への対応	Factor1 資本政策	Factor2 連携能力	Factor3 知財戦略	Factor4 品質管理	Factor5 外部環境の把握
開発フェーズにあわせた資本政策の立案能力	1.009				
Exitまでの具体的な資本構成の設計	0.969				
資本政策のリテラシー	0.920				
戦略実施に必要な資金調達やExitの戦略を担う責任者	0.719				
次のステージに進むために必要な資金	0.536				
外部投資家との対等な目線での交渉力	0.513				
経営方針や企業戦略の責任者	0.400				
事業会社との事業提携交渉ができる人材		0.931			
事業会社との契約ができる人材		0.886			
海外ビジネスの経験をもって海外展開の戦略を描けるような人材		0.564			
特許戦略の立案			1.143		
大学や企業との知財権利関係の整理			0.596		
知財戦略を立案できる人材			0.452		
品質管理ができる人材				0.837	
薬事対応できる人材				0.619	
製薬企業目線でのデータの再現性を担保するような取り組み				0.505	
同業他社の技術動向の把握					1.094
将来事業提携する可能性のある事業会社の戦略の把握					0.505

（注）本図表は固有値1基準で18項目についてプロマックス回転を用いて因子を算定し，主に構成する項目の因子寄与率のみを示している。
出所：筆者作成

適切に管理する必要がある。

　最後に，「外部環境の把握」である。研究開発志向の強い技術系ベンチャー，特にバイオベンチャーは，新技術を利用した製品またはサービスを上市する前に，技術開発と市場開発の両方を行う必要がある。それゆえに，事業開発上の大きな課題は資金調達であるが，新規性の高い研究・技術開発であればあるほど，不確実性が高い。その理由の一つは，大学を起源とする技術シーズは，ベンチャーが関与した後も，学術機関と営利目的の民間企業とのライセンス管理等に多くの時間を要するためである（Golub, 2003）。加えて，新しい研究と技術がグローバルに開発・発表されていく潮流は日進月歩の動きであり，業界

や学界も含めた幅広い情報アンテナを立てて，競合となる動きを察知しなければならない。

また，Matkin（1990）が事例研究で指摘したように，競合する知財に関わる訴訟リスクもまた，大学発ベンチャーの経営環境にとっては重要な不確実性の一つである。産学連携と企業間アライアンスなど外部とのネットワーク化が進む中でこそ，ベンチャー企業のイノベーションに向けて果たす役割が機能すると期待されている（元橋，2007）。このように，規制業界でもあるバイオ産業において，外部環境の把握は不可欠である。

以上のように，ベンチャー企業の内的・外的な経営環境に対する適合においては，「資本政策」「連携能力」「知財戦略」「品質管理」「外部環境の把握」という5つの項目が経営環境への対応を示す因子として考えられるため，第3章での量的分析にて採用する因子は，この5つの経営環境への対応を示すものとして捉えることとした。

2.3 独立変数の設定2：CEOが創業者かどうか（CEO_startmember）

次に，CEOの属性に関する変数として，CEOが創業者である場合を「1」，そうでない場合を「0」としたダミー変数を設計した。具体的には，「貴社のコアメンバーについておたずねします。CEO，COO[1]，CTO[2]，CFO[3]としての役割を担われている方についてお答えください」という設問の中で，「コアメンバーは創業時のメンバーですか※創業時メンバーに○をつけてください」という質問に対し，CEOに○があった場合，CEOが創業メンバーの1人であるとして判定した。COOやCTO，CFOも創業者メンバーとしてピボットの意思決

---

[1] Chief Operating Officerの略称で，最高執行責任者と呼ばれ，会社の実務的な業務全般に対して執行責任を負う役職のことをいう。

[2] Chief Technology Officerの略称で，最高技術責任者と呼ばれ，会社の技術上の戦略や研究開発に関する部門のトップの役職のことをいう。

[3] Chief Financial Officerの略称で，最高財務責任者と呼ばれ，会社の投資や資金調達などの財務面や予算管理の責任を負う役職のことをいう。

定に影響力を行使していると考えられるが、バイオベンチャーでは2つの役職を実質的に兼務していることが多いと想定される。そのため、本章ではCEO以外の創業者メンバーがピボットの意思決定に影響を与えるかについては追加的に検証を行うこととし、主な分析では創業者としてのCEOによる影響のみに着目することとしている。

2.4　コントロール変数

その他の独立変数（コントロール変数）は、「創業年数の自然対数（lnage）」「事業フェーズがIPOまたはM&Aかどうか（Exit）」「事業フェーズがビジネスモデル確立段階かどうか（Market）」「産業ダミー4業種（医薬品、医療機器、再生医療等製品、医療分野のプラットフォーム技術）」である[4]。先行研究からピボット経験の有無に影響を与えうるその他の要素も想定されるため、コントロール変数として「創業年数」、事業フェーズダミーとして「Exit」および「Market」を加えた。また、バイオベンチャーのメイン開発製品によるピボット経験の有無の違いをコントロールするために、4つの業種に関するダミー変数を加えている。以上を要約した変数の定義については、第2章の「**図表2.5 変数の定義**」のとおりである。

3　分析手法

1で提示した仮説を検証するために、推定するモデルを以下のとおり設定し、共分散構造分析を[5]実施した。分析には統計解析ソフトRのパッケージ "lavaan" を利用し、最尤推定法により解析を行った。共分散構造分析による分

---

[4] メインの開発製品については、ヘルスケア以外の4つの開発製品かどうかが決まると、ヘルスケア関連製品かどうかが決まるため、自由度の影響からメインの開発製品がヘルスケアであるかどうかについては、解析対象とする観測変数に含めていない。
[5] 共分散構造分析（Structural Equation Modeling, SEM）は、複数の変数間の因果関係をモデル化し、検証するための統計手法である。

析モデルを選択したのは，以下２つの理由からである。第一に，因子分析から導き出した経営課題への対応に関する18項目に関する５つの構成概念（連続変数）とピボットの決定要因となりうる観測変数（離散変数）を組み合わせたパス解析を行うためである。第二に，経営課題への対応に関する18項目の質問はリッカート尺度（順序尺度）５件法を用いており，その背後にある５つの構成概念（因子得点）と，ピボットの決定要因となりうる他の観測変数とを明確に分けて説明する必要があるためである。

　本調査の設計にあたっては，事前にバイオベンチャーに投資するVCおよびコーポレートベンチャーキャピタル（以下，CVCという）へのインタビューによって実態調査を行うとともに，文部科学省科学技術・学術政策研究所第２調査研究グループの研究員および客員研究員，みずほ情報総研株式会社の研究員から助言や情報提供を受け，最適な項目と操作化となるように数度の調整を行っている。

$$\text{Pivot} = f(\text{Factors, CEO\_startmember, Control})$$

　アンケート調査票の「経営課題への対応」に関する18個の質問について因子分析を行うことから，18個の質問回答に欠測値のある企業19社を解析対象データから除去し，148社の回答内容を対象としてデータ解析を行った。なお，本章ではモデル１～４を通じて仮説検証を行っているが，独立変数が１つであるモデル２を除き，全てのモデルにおいてVIF値は５以下であり，多重共線性を避けることができている[6]。

　6　多重共線性とは，独立変数同士が強い相関を持っており，どの変数が従属変数に影響を与えているかが分かりにくくなり，推定結果が不安定で解釈が難しくなることをいう。VIF値（Variance Inflation Factor：分散拡大係数）は，この多重共線性の程度を測る指標である。一般的にはVIF値が５以下であれば多重共線性は低いと考えられており，特に問題ないとされ，10を超えると多重共線性に問題があると判断される。

4 分析結果

分析の結果は**図表3.3**のとおりである。なお，モデル1は，独立変数が経営課題への対応に関する5つの因子から構成されており，仮説1に対応している。モデル2は，独立変数が創業者に関するものであり，仮説2に対応している。モデル3は，独立変数が経営課題への対応に関する5つの因子および創業者に関するものである。モデル4は，経営課題への対応に関する5つの因子および創業者に関するものに加え，その他の独立変数としてコントロール変数を加えたものである。これは，ピボット経験の有無に影響を与えそうである変数（創業年数，事業フェーズ，メインの開発製品）を除去したとしても，仮説1およ

図表3.3　共分散構造分析の推定結果

変数	モデル1 Estimate	P(>|z|)	モデル2 Estimate	P(>|z|)	モデル3 Estimate	P(>|z|)	モデル4 Estimate	P(>|z|)
f1_strategy_finance	0.031	0.775			0.031	0.774	0.102	0.351
f2_collabo_capability	0.049	0.454			0.052	0.417	0.053	0.401
f3_ip_strategy	-0.059	0.470			0.001	0.990	0.018	0.826
f4_tech_management	-0.271	0.061 .			-0.312	0.033 *	-0.351	0.017 *
f5_external_environment	0.206	0.019 *			0.190	0.028 *	0.151	0.071 .
CEO_startmembr			-0.193	0.030 *	-0.198	0.022 *	-0.180	0.039 *
lnage							0.074	0.241
Exit							0.132	0.287
Market							0.094	0.295
product_medicine							0.053	0.607
product_equipment							0.192	0.077 .
product_regenerative							-0.209	0.191
product_platform							0.181	0.105
CFI	0.908		1.000		0.896		0.867	
TLI	0.886		1.000		0.874		0.848	
RMSEA	0.083		0.000		0.084		0.071	
SRMR	0.071		0.000		0.076		0.083	
決定係数（pivot）	0.106		0.031		0.142		0.223	

（注）　上記数値は構造方程式における母数の推定値であり，Estimateは係数，P(>|z|)はp値を表す。
　　　　p値の有意水準：* 5％，. 10％。
出所：筆者作成

び仮説2が正しいかどうかを検証するために設計したモデルである。

　モデル1の推定結果は，適合性指標が，CFI＝0.908，TLI＝0.886，RMSEA＝0.083，SRMR＝0.071であり，適合度に改善の余地が残されているが，低い水準ではない[7]。モデル1の推定結果では，「品質管理」の係数が10％水準以下でマイナス有意に推定されている。この結果は，バイオベンチャーは，「品質管理」に関する課題に対応できているほどピボットしていないことを，弱い関連性ではあるが示している。加えて，「外部環境の把握」の係数が5％水準以下でプラス有意に推定されている。すなわち，「外部環境の把握」に関する課題に対応できているほど，バイオベンチャーはピボットしやすいということが分かる。一方，他の構成因子である「資本政策」「連携能力」「知財戦略」に関する経営環境への対応とピボットの経験については，有意差が見られなかった。これらの内外の経営環境に対する対応とピボットの経験に関する関係性は見られないという結果である。

　次に，モデル2を確認すると，適合性指標は，CFI＝1.000，TLI＝1.000，RMSEA＝0.000，SRMR＝0.000となり，独立変数1つによる推定モデルではあるものの，十分な適合度である。CEO_statrmemberの係数は5％水準以下でマイナス有意の推定結果であった。この結果は，創業者がバイオベンチャーのCEOを務めている企業ほど，ピボットを経験していないことを示唆している。

　これらの結果は，独立変数を組み合わせたモデル3の推定結果でも変わらずに頑健であるといえる。すなわち，「品質管理」「外部環境の把握」の因子，および「CEOが創業者であること」の各係数は5％水準以下で有意であり，係数の符号は同じである。適合性指標は，CFI＝0.896，TLI＝0.874，RMSEA＝0.084，SRMR＝0.076と変数が増加した分，モデル1およびモデル2と比較し

---

[7]　一般的に，CFIは1に近いほど適合度が良く，さらに0.95以上だと良いモデルと判断される。TLIも1に近いほど適合が良いと判断される指標である。また，RMSEAは0.05以下であれば，当てはまりが良く，0.1以上であれば当てはまりが悪いと判断される。SRMRは，標本の分散・共分散とモデルにより再現される分散・共分散の差である残差によってモデル適合度を検討する指標で，下限値は0で，0に近いほど適合しているといえる。

て低くなったが，適合度としては悪くない水準である。

　これらの独立変数と従属変数の関連性に関する結果は，コントロール変数を考慮してもなお，同様の結果が得られるのであろうか。モデル4はモデル3にコントロール変数を加えたモデルであり，適合性指標は，CFI = 0.867，TLI = 0.848，RMSEA = 0.071，SRMR = 0.083であり，モデル1からモデル3と同様の水準である。推定結果は，他のモデルと同様に，「品質管理」の因子および「CEOが創業者であること」の各係数について5％水準以下で有意であった。また，「外部環境の把握」の係数についても10％水準以下ではあるが有意であり，全ての係数の符号はモデル1からモデル3と同様であった。さらに，コントロール変数の中では，有意水準10％であるものの，「メインの開発製品が医療機器（product_equipment）」のみ有意差が認められ，その係数の符号から「メインの開発製品が医療機器であるほど，ピボットしやすい」という結果で

図表3.4　5つの因子を構成する18項目の質問の変数対応表

変数名	変数の定義
capital_capability	開発フェーズにあわせた資本政策の立案能力
capital_portfolio	Exit（出口）までの具体的な資本構成の設計
capital_literacy	資本政策のリテラシー
strategy_hr	戦略実施に必要な資金調達やExitの戦略を担う責任者
next_fund	次のステージに進むために必要な資金
investor_fair_nego	外部投資家との対等な目線での交渉力
manage_hr	経営方針や企業戦略の責任者
collabo_hr	事業会社との事業提携交渉ができる人材
contract_hr	事業会社との契約ができる人材
foreign_hr	海外ビジネスの経験をもって海外展開の戦略を描けるような人材
patent_strategy	特許戦略の立案
patent_relation	大学や企業との知財権利関係の整理
ip_hr	知財戦略を立案できる人材
qc_hr	品質管理ができる人材
pharmaceutical_hr	薬事対応できる人材
data_repeatability	製薬企業目線でのデータの再現性を担保するような取り組み
competitor_tech	同業他社の技術動向の把握
future_coraboration	将来事業提携する可能性のある事業会社の戦略の把握

出所：筆者作成

あった。

　なお，ピボットの決定要因に関するモデル4のパス図を提示した。パス図内の5つの因子を構成する18項目の質問の変数対応表は**図表3.4**，パス図は**図表3.5**のとおりである。このパス図は，モデル4で使用した従属変数および独立変数による構造方程式に加え，経営課題への対応に関する5つの因子から**図表3.1**に記載の18項目の質問に対する測定方程式を図示したものである。図表中の数字は，係数の標準化推定値を表している。

　以上の結果から，仮説1は経営環境の中でも「品質管理」および「外部環境の把握」という2点のみ部分的に支持されたといえる。また，仮説2について

図表3.5　ピボットの決定要因に関するモデル4のパス図（共分散構造分析の推定結果）

因子	構成変数	PIVOTへの係数	PIVOTから	係数
f1 strategy finance	next_fund, capital_literacy, capital_capability, capital_portfolio, investor_fair_nego	0.102	CEO_startmember	−0.180*
			lnage	0.074
f2 collabo capability	manage_hr, strategy_hr, collabo_hr, contract_hr, foreign_hr	0.053	exit	0.132
			market	0.094
f3 ip strategy	patent_relation, ip_hr, patent_strategy	0.018	product_medicine	0.053
			product_equipment	0.192.
f4 tech management	data_repeatability, pharmaceutical_hr, qc_hr	−0.351*	product_regenerative	−0.209
f5 external environment	competitor_tech, future_coraboration	0.151	product_platform	0.181

（注）5つの因子を構成する18個の質問相互の共変関係，Pivotに対する独立変数間の共変関係は省略した。
　　　p値の有意水準：＊5％，．10％。
出所：筆者作成

はH2-2が明確に支持された。

　なお，本章で用いたモデルの頑健性を確認するため，ロジット・モデルでの検証[8]，および他の入手可能なコントロール変数を加えた共分散構造分析による探索的な検証も合わせて実施している。まず，ロジット・モデルでの検証結果では，「品質管理」の因子および「創業者がCEOであること」については，本章の共分散構造分析で得られた結果ほど，強い有意差は得られなかったが支持された。一方で，「外部環境の把握」の因子は支持されなかった。つまり，ロジット・モデルでも，仮説1は「品質管理」の因子のみ部分的に支持され，仮説2は支持されたといえる。

5　考察

　第3章では「ベンチャー企業のピボットはどのような要因で起こるのか」という問いに対する分析を実施した。仮説1の推定結果が示したように，バイオベンチャーの経営環境への対応力は，バイオベンチャーのピボット経験の有無に影響を与えることが明らかになった。また，仮説2の推定結果から，CEOが創業者であることが，バイオベンチャーのピボット経験の有無に影響を与えることが推察された。

　これらの結果は，ベンチャー企業におけるピボットの重要性や意義について，嚆矢となる先行研究が質的分析によって明らかにしたいくつかの論点を実証的に明らかにしたといえる。すなわち，Kirtley & O'Mahony（2020）の経験的研究では長期間の質的データを用いてピボットを実施した事例群が累積的な戦略的意思決定を行っている点を明らかにしているが，本章の結果は次の3点で

8　本章のモデルにおける説明変数の中で，連続変数となっている変数を以下のとおり離散させたうえでロジスティック回帰を実施した。
　①経営課題18項目に関する5つの因子：因子得点の4分位数を境界に，その大小で「0」と「1」に分割した。
　②創業年数の自然対数：創業年数そのものについて、10年を境界に，その大小で「0」と「1」に分割した。

異なっている。

　第一に，本章の結果は高度な知的財産を保有するバイオベンチャーを対象としている点である。先行研究では，資本政策や他社との連携状況など，ピボットに対してさまざまな経営環境が複雑に絡み合っていることを示唆していた。しかし，「品質管理」と「外部環境の把握」の2点の経営環境がピボットに影響を与えているという本章の知見は，バイオベンチャーそのものが有する特性に起因していると考えられる点で興味深い。ピボットをしない要因としては，内部的な調整としての品質管理など技術と戦略との関連性が，促進要因として，外部的な経営環境に関わる競合や市場要因との関連性が明らかになった。これは，ベンチャー経営の不確実性とピボット経験の有無との関連性を示したという点で理論的含意がある。また，品質管理にコア・コンピタンスを持つバイオベンチャーは，その強みを持つがゆえにそれに縛られ，サンクコストとなることを恐れ，ピボットしにくいことが考えられる（今野，2018）。つまり，コア・コンピタンスがかえってピボットを妨げる弱み（コア・リジディティ）に変わる可能性がある（Leonard-Barton, 1992）。とりわけ，バイオベンチャーの場合，多額の投資を通じて得られた専用設備，専門家人材（特定分野の研究者，技術者等），特定の技術，特許，ノウハウを保有すると想定すれば，外部環境が変化した場合，これまでに得られた有形，無形の資産がサンクコストとして働くことでピボットをしない要因になるかもしれない。

　第二に，仮説2の推定結果が示したように，創業メンバーがCEOであるとピボットをしにくいという点は，理論的にも実践的にも含意に富む。これまで，アカデミック・アントレプレナー（企業家的研究者）の開発過程における具体的な貢献については，いくつかの実証的な裏づけがあったが，負の側面の影響については傍証レベルの報告にとどまっていた。実際に，本書の対象であるバイオベンチャーでは，創業後10年以上の歴史を有するものも散見されたが，多数においてCEOが創業者であった。創業メンバーは創業当初に設定した企業理念や戦略等について「組織慣性」（organizational inertia）[9]を持ちやすいと考えると，外部環境の変化があったとしても簡単に事業を転換せずに，それま

での事業活動にロックインされやすいことから、ピボットをしない要因となっている可能性がある。

　本章が提示する新たな証拠は、事業構造に革新が求められる場合、創業者CEOが持つ心理的オーナーシップがピボットをしない要因になる可能性が示唆している。すなわち、CEOが持つ創業者としての属性に心理的オーナーシップが付加された結果、ピボットを行うことが困難となり、結果としてピボットが生じにくい結果となったのかもしれない。本章で得られた証拠は、このような心理的オーナーシップを考慮したうえでの、ベンチャー企業における学術的な知見の蓄積や政策的対応の必要性を示している。その意味で、バイオベンチャーを含むベンチャー企業の経営戦略としてのピボットを理解するうえで実践的含意に富むといえるだろう。

6　小括

　第3章では、「ベンチャー企業のピボットはどのような要因で起こるのか」という問いを立て、ピボットの要因について定量的に分析を行った。ピボットの背景にある要因について実証分析を行った結果、以下の関係性が明らかになった。

　第一に「品質管理ができているバイオベンチャーほど、ピボットしにくい」である。品質管理面での強みが蓄積されると、組織としてピボットが必要な状況になったとしても、これまで蓄積された知見がサンクコストとなってしまうことを恐れて、ピボットを阻害している可能性が示唆された。

　第二に「外部環境の把握ができているバイオベンチャーほど、ピボットしやすい」である。すなわち、同業他社の技術動向の把握や連携先となりうる事業会社の戦略などの外部環境を正確に把握できる企業ほど、その外部環境の変化

9　組織が変化に直面した際に、安定を維持する方向に均衡を保とうとする働きのことで、組織変革研究上の重要概念である（Tushman & Romanelli, 1985；Gilbert, 2005）。

に対応して自社の事業を転換している可能性が示唆された。

　第三に「CEOが創業者であるバイオベンチャーほど，ピボットしにくい」である。創業者は自ら創業した事業に対する心理的オーナーシップを保有しており，自ら起ち上げた事業に愛着を持つ可能性が高く，事業を継続することにこだわりを持つことから，ピボットしにくい可能性が示唆された。

　上記のピボットの要因に関する実証結果と考察は，ベンチャー企業がピボットをするかしないかを検討し，意思決定するうえで，判断材料として重要な含意となりうる。一方で，ピボットを経験したことが，次のフェーズにつながる，または存続可能性が高まるといった，ピボットとその後のベンチャー企業のパフォーマンスとの関係については，十分に検討されていない。ピボットの経験とその後のベンチャー企業のパフォーマンスとの関係性が明らかになると，ベンチャー企業がピボットの意思決定をするうえでの判断材料として，実務的な意義が大きい。さらに，戦略的意思決定に関する理論の観点からも含意が得られる可能性が大きい。

　第4章では，これらのピボットの経験の有無がIPOまたはM&Aといった事業フェーズに近づくことに影響を与えるのかについて分析し，第5〜7章にて第3章・第4章の分析結果が生じるプロセスについて考察する。

第 4 章

ピボットは出口戦略に影響を与えるのか

　第3章の量的分析では，経営課題への対応および経営者の心理的オーナーシップの観点から，ピボットの要因が明らかになった。この結果を受けて，第4章では，ピボットの経験がベンチャー企業の出口戦略，とりわけ本書で着目するIPOまたはM&Aに与える影響について分析を行う。

　「ピボットの経験はIPOまたはM&Aによる出口戦略に影響を与えるのだろうか」

　この問いに回答するために，以下では2つの仮説を提示し，それらについて量的分析を行う。また，その分析結果を示し，筆者の考察を提示する。

1　仮説の提示

1.1　仮説1：ピボットのポジティブな側面

　ベンチャー企業のピボットにおいては，必要に応じて一定の柔軟な対応を行っていくことが重要であることについて，いくつかの先行研究で指摘されている。例えば，Ries（2011）は，ベンチャー企業の場合，顧客の反応により小

さな試行錯誤や失敗を受け入れることが，技術系の事業創造の必要条件であると指摘している。企業家は，外部環境の状況に合わせ，発生した機会をつかむために柔軟かつ大胆に行動方針の変更を意思決定する（Dencker et al., 2009；Ratten, 2020）。また，Gilbert（2005）の事例研究では，地方新聞社8社を対象とした質的研究により，差し迫った脅威（新聞のデジタル化技術の発達による紙媒体の販売減少リスク）があれば，経営者は資源配分パターンについての慣性を克服できることを明らかにしている。これらから，ベンチャー企業は必要に応じて柔軟に事業を転換することが，自らの事業に正の影響をもたらすことが想起される。

　出口戦略との関連では，ベンチャー企業の取り扱う製品やサービスが新しく，イノベーティブであるほどIPOしやすいことが実証されている（DeTienne & Cardon, 2009）。バイオベンチャーは技術的な専門性が高い事業であるが，Ries（2011）の指摘するとおり，研究開発がうまく進まない場合に，失敗を受け入れ，いかにメインの開発製品分野やターゲット市場を転換するか否かが，バイオベンチャーの出口戦略にとって重要であることが想起される。よって，次の仮説1を提示する。

仮説1
ピボットの経験は，IPOまたはM&Aによる出口戦略に正の影響を与える

1.2　仮説2：ピボットのネガティブな側面

　困難に直面したとき，企業家は自分の正当性やステークホルダーとの関係を強化するために，現在の行動方針を持続することがある（Lamine et al., 2014）。Hampel et al.（2020）は，ピボットをした場合，企業は経営資源を依存する主要なステークホルダーとの関係を損なう可能性があることを指摘した。Gilbert（2005）は，1.1で示したピボットのポジティブな側面に加え，差し迫っ

た脅威がある場合，既存の経営資源の配分パターンを変更しようとすることはできるが，権限の委譲や積極的な実験が控えられ，組織運営が硬直化することを指摘した。

　本書が対象とするバイオベンチャーの場合，技術的専門性が必要とされることから，一般の業種と比較して，保有する有形・無形の資産（特許・ノウハウ・人材など）が相対的に模倣困難であり，競争優位性を構築していることが考えられる。また，研究開発における知見の蓄積や品質管理面の信頼構築がコア・コンピタンスとなる。そのため，これらの蓄積された経営資源を放棄し，他の事業へと転換することを正当化しにくいことが想起される。よって，次の仮説2を提示する。

仮説2
ピボットの経験は，IPOまたはM&Aによる出口戦略に負の影響を与える

2　変数

2.1　従属変数の設定：事業フェーズがIPOまたはM&Aに近いかどうか（Exit）

　従属変数は，「事業フェーズがIPOまたはM&Aかどうか（Exit）」を示しており，現在の事業フェーズがIPOまたはM&Aに近い場合は「1」，それ以外の場合は「0」としたダミー変数で，変数名を"Exit"とした。第3章ではコントロール変数として位置づけた変数である。設問では，「現在，メインで開発されている製品における貴社の事業フェーズにもっとも近いものを1つ選んでください。」という設問に対して，「法人設立後〜基礎研究」「ビジネスモデル確立」「IPO」「M&A」の中から選択してもらう形式で回答を受けている。

2.2 独立変数の設定：Pivot

独立変数は，過去にピボットの経験があるかどうかを示す変数である。第3章では従属変数として設定した変数であり変数名を"Pivot"とした。具体的な変数の説明は第3章「2.1 従属変数の設定：Pivot」にて説明をしている。

2.3 コントロール変数

その他の独立変数（コントロール変数）は，「経営課題への対応に関する5つの因子」「創業年数の自然対数（lnage）」「産業ダミー4業種（医薬品，医療機器，再生医療等製品，医療分野のプラットフォーム技術）」「VCからの資金調達経験の有無」「経常黒字か否か」「アライアンス経験の有無」である[1]。第3章にてピボット経験の有無に影響を与えうる変数として設定した変数に，IPOまたはM&Aによる出口（Exit）に影響を与えうるいくつかの変数を追加している。

まず，第3章と同様に，経営課題への対応に関する5つの因子，創業年数および4つのメイン開発製品に関するダミー変数である。経営課題への対応に関する5つの因子については，第3章では仮説の検証対象とした独立変数であったが，第4章では，ピボットとIPOまたはM&Aによる出口（Exit）との関係性を検証することが主目的であることから，コントロール変数として位置づけている。

また，第4章の分析では，IPOまたはM&Aによる出口（Exit）に影響を与えうる要素を考慮するため，出口戦略に関する先行研究から「VCからの資金調達経験の有無」「経常黒字か否か」「アライアンス経験の有無」をダミー変数化し，コントロール変数として追加している。なお，変数の定義は第2章「図

---

[1] 第3章では，「事業フェーズがビジネスモデル確立段階かどうか（Market）」をコントロール変数として設定していたが，第4章では，従属変数として「事業フェーズがIPOまたはM&Aかどうか（Exit）」を設定しており，これら2つの異なるフェーズが互いに影響し合うことは想定されないため，第4章では"Market"を変数から除外した。

表2.5　変数の定義」に要約して記載している。

3　分析手法

1で提示した仮説を検証するために，推定するモデルを以下のとおり設定し，統計解析ソフトRを使用して共分散構造分析を実施した。なお，使用したデータは第2章にて示した148社のデータを使用している。

$$Exit = f(Pivot, Control)$$

なお，本章では2で言及した変数を用いて，モデル1～3の仮説検証を行っているが，独立変数が1つであるモデル1を除き，全てのモデルにおいてVIF値は5以下であり，多重共線性を避けることができている[2]。

4　分析結果

共分散構造分析の結果は**図表4.1**のとおりであり，モデル1～3を通じて仮説1・2を検証しようとするものである。モデル1は独立変数をピボットのみで構成している。モデル2はピボットに経営課題への対応に関する5つの因子およびCEOが創業者かどうか，第3章の分析で使用したコントロール変数を加えたものである。モデル3は，モデル2に出口戦略に影響を与える可能性のある変数をコントロール変数としてさらに追加したものである。モデル2および3は，ピボット以外に，IPOまたはM&Aによる出口（Exit）に影響を与えうる変数を除去したとしても，仮説1および仮説2が正しいかどうかを検証するために設計したモデルである。

モデル1は独立変数1つによる推定モデルであり，推定結果は，適合性指標

2　VIF値，多重共線性については，第3章「3　分析手法」の脚注6を参照のこと。

がCFI＝1.000，TLI＝1.000，RMSEA＝0.000，SRMR＝0.000となり，十分な適合度であるが，Pivotの変数の係数については，有意差は認められなかった[3]。この結果は，ピボットの経験と事業フェーズがIPOまたはM&Aであることとの間には有意な関係性がないことを示している。

モデル２の推定結果は，適合性指標がCFI＝0.873，TLI＝0.854，RMSEA＝0.072，SRMR＝0.077であり，適合度に改善の余地が残されているが，低い水準ではない。ただし，Pivotの変数の係数については，有意差は認められなかった。また，Pivot以外のコントロール変数についても，有意差が認められる変数はなかった。

モデル３の推定結果は，適合性指標がCFI＝0.865，TLI＝0.847，RMSEA＝0.070，SRMR＝0.084となり，変数を増やしたこともあり，モデル２よりも適合度が低下している。さらにモデル３についても，Pivotの変数の係数については，有意差は認められなかった。コントロール変数では，「VCからの資金調達経験の有無」について，10％水準以下ではあるがプラスの有意差が認められた。これは，VCからの資金調達経験があるほど，事業フェーズがIPOまたはM&Aに近づきやすいことを意味する。

以上のモデル１～３の結果から，仮説１および２ともに支持されず，ピボットの経験の有無と事業フェーズがIPOまたはM&Aであることとの間には有意な関係性がないという結果となった。

なお，本章で用いたモデルの頑健性を確認するため，ロジット・モデルでの検証，および他の入手可能なコントロール変数を加えた共分散構造分析による探索的な検証も合わせて実施している[4]。まず，ロジット・モデルでの検証でも，

---

[3] 適合性指標の水準については，第３章「４　分析結果」の脚注７を参照のこと。
[4] 第４章でのメインの分析対象とはなっていないが，ロジット・モデルによる追加的な検証において，「資本政策」，「知財戦略」，「品質管理」の３つの経営課題への対応に関する因子とIPOまたはM&Aによる出口との間にいずれも正の関係性があるという実証結果も関心深い。研究開発に莫大な費用を要するバイオベンチャーとって必要とされる，管理的な専門性に通ずる「資本政策」，技術的な専門性に通ずる「知財戦略」，「品質管理」がIPOまたはM&Aによる出口に正の影響を与えるという点は，想像に難くない。

図表4.1 共分散構造分析の推定結果

	モデル1		モデル2		モデル3		
	Estimate	P(>|z|)	Estimate	P(>|z|)	Estimate	P(>|z|)	
Pivot	0.052	0.396	0.033	0.591	0.013	0.839	
f1_strategy_finance			0.117	0.138	0.084	0.344	
f2_collabo_capability			-0.036	0.420	-0.037	0.467	
f3_ip			0.035	0.541	0.025	0.679	
f4_tech_management			-0.025	0.800	0.017	0.878	
f5_external_environment			0.073	0.204	0.036	0.592	
CEO_startmember			-0.044	0.509	-0.028	0.701	
lnage			0.076	0.111	0.110	0.053	.
main_product_medicine			0.071	0.353	0.024	0.786	
main_product_equipment			-0.017	0.832	-0.010	0.912	
main_product_regenerative			0.082	0.495	0.101	0.499	
main_product_platform			0.026	0.762	0.032	0.725	
vc					0.144	0.059	.
profit					0.064	0.342	
alliance					-0.015	0.826	
CFI	1.000		0.873		0.865		
TLI	1.000		0.854		0.847		
RMSEA	0.000		0.072		0.070		
SRMR	0.000		0.077		0.084		
決定係数（pivot）	0.005		0.117		0.121		

（注）　上記数値は構造方程式における母数の推定値であり，Estimateは係数，P(>|z|)はp値を表す。p値の有意
　　　水準：＊5％，．10％。
出所：筆者作成

　共分散構造分析の結果と同様に，Pivotの変数の係数については，有意差は認められなかった。一方で，コントロール変数を加えた共分散構造分析においては，モデル2に対応するロジット・モデルで「資本政策」が1％水準以下，「知財戦略」が5％水準以下，「品質管理」の因子が10％以下の水準でいずれもプラス有意に推定された。

　また，モデル3に対応するロジット・モデルでは，「資本政策」「知財戦略」

「品質管理」の因子がいずれも10%以下の水準でプラス有意に推定された。さらに、第4章で用いた共分散構造分析によるモデルに、他の入手可能な変数をコントロール変数に加えて探索的に分析を実施したが、Pivotの変数の係数に有意差が認められる推定モデルは発見されなかった。

5 考察

　分析の結果、仮説1・2ともに指示されず、ピボットの経験と事業フェーズがIPOまたはM&Aであることとの間には正または負のいずれの関係性も認められなかった。先行研究においては、ピボットを行うことに対して、正・負の両方の影響を指摘するものがある中で、第4章における分析結果は意外な結果であった。IPOまたはM&Aによる出口には、ピボット以外の要素が重要な因子として存在している可能性が考えられる。また、2つの仮説設計と実証分析の内的妥当性を見直すことで、別の結果が導出される可能性も考えられ、この点は今後の課題であろう。

　さらには、ピボットの経験と事業フェーズがIPOまたはM&Aであることと

図表4.2　ピボット経験と事業フェーズ（IPOまたはM&A）

		事業フェーズがIPOまたはM&Aに近い			
		NO	YES	欠測	総計
ピボットの経験がある	NO	82	12	0	94
	YES	41	9	0	50
	欠測	2	0	0	2
	総計	125	21	0	146

出所：筆者作成

の関係性について，別のロジックが存在する可能性も否定できない。本書にて使用したデータを**図表4.2**のとおり，クロス集計表にまとめた。分析対象とした148社から，ピボットの経験の有無に欠測のある2社を除いた146社のうち，ピボットの経験がある企業は，50社（≒34.2％）であり，ピボットの経験のない企業は94社（≒65.8％）であった。また，全体146社のうち事業フェーズがIPOまたはM&Aに近い企業は21社あり，このうちピボットの経験がない企業は12社（≒57.14％）であり，ピボットの経験のある企業は9社（≒42.86％）であった[5]。すなわち，事業フェーズがIPOまたはM&Aにある企業21社のピボット経験の有無については，おおよそ半数ずつに分かれたことが分かる。この結果を考えると，ピボットした場合のIPOまたはM&Aによる出口にいたるまでの経路，ピボットしなかった場合のIPOまたはM&Aにいたるまでの経路の両方が存在する可能性も考えられる。

6　小括

第4章では，「ピボットの経験はIPOまたはM&Aによる出口戦略に影響を与えるのか」という問いを設定し，2つの仮説を提示したうえで実証分析を行った。その結果，設定した仮説は2つとも支持されなかった。すなわち，ピボットの経験の有無が直接IPOまたはM&Aによる出口に直接的な影響がないということが示唆された。この結果から，IPOまたはM&Aの事業フェーズにいたるには，ピボット以外の要素が重要視されている可能性が考えられる。また，2つの仮説設計と実証分析の内的妥当性を見直すことで別の結果が得られる可能性も否めない。

一方で，ピボットに関する先行研究およびクロス集計表の結果を考えると，

5　なお，追加的な検証として，欠測値のある会社を除いた146社を対象にピボットの経験とIPOまたはM&Aによる出口戦略について「ピボットの経験の有無と事業フェーズがIPOまたはM&Aであることは独立である（関連性はない）」を帰無仮説として，カイ二乗検定を別途行った。その結果，X-squared＝0.32412，p＝0.5691となり，有意差は認められなかった。

ピボットした場合、ピボットしなかった場合で、IPOまたはM&Aの事業フェーズにいたるまでの経路が異なり、ピボット経験の有無により別々のロジックが存在する可能性も否定できない。

よって第5章にて、これらの可能性について質的分析を通じて検証する。

第Ⅲ部

質的分析編

第 5 章

ピボットするのか・しないのか
―意思決定の要因と 3 つの経路―

　第4章では，ピボットをする場合，ピボットをしない場合において，意思決定のプロセスが異なる可能性が示唆された。

　第5～7章では「ベンチャー企業は出口戦略（IPO・M&A）を踏まえてどのようなプロセスでピボットの意思決定を行っているのだろうか」という問いを設定する。

　この問いを検証するために，第5章では，事業フェーズがIPOまたはM&Aに近いと回答した企業に実施したインタビューとその分析方法を示す。また，質的分析により得られた3つのピボットの意思決定の経路とそれに付随するメイン・カテゴリーおよびサブ・カテゴリーをそれぞれ提示する。

1　調査の概要

1.1　インタビュー対象先

　本章で設定した問いを明らかにするために，第2章の「4　データ」で説明したアンケートにて「事業フェーズがIPOまたはM&Aに近い」と回答した22

社のうち，インタビューの協力が得られた9社に対して，半構造化インタビューを実施した。事前のアンケート回答でピボットの経験がないと回答した企業が5社，ピボットの経験があると回答した企業が4社である。インタビュー対象先の事業内容は，創薬5社，それ以外の4社はライフサイエンスに関連する事業となっている。ピボットの経験がある企業については，具体的なピボットの内容を示している。インタビュイーは，CEO，CTO，CFOのいずれかであり，筆者からの依頼した質問内容に回答可能な方を企業側で選定したため，役職が統一されていない。インタビュー日は2021年9月22日～2023年4月7日までである。

なお，該当経路とは，事業フェーズがIPOまたはM&Aにいたるまでのプロ

図表5.1　インタビュー先概要

該当経路	インタビュー先	開発計画の進捗	ピボット（アンケート回答）	事業内容	ピボットの内容	インタビュイー	インタビュー日
STORY1	A社	計画通り	経験なし	機能性食品等製造	転換なし	CEO	2022 11.21
STORY1	B社	計画通り	経験なし	創薬	転換なし	CEO・CTO CFO	2021 10.4
STORY2	C社	計画通りでない	経験なし	創薬	適用部位（インディケーション）の変更	CEO	2022 10.29
STORY2	D社	計画通りでない	経験なし	創薬	創薬の承認申請のみ→販売も実施	CTO	2022 10.20
STORY2	E社	計画通りでない	経験なし	医療・福祉関連機器製造	製品の機能の転換	CTO	2023 2.7
STORY2	F社	計画通りでない	経験あり	半導体製造装置開発	自社開発→受託開発	CEO	2023 4.7
STORY3	G社	計画通りでない	経験あり	創薬	対象疾病を心臓病から特定のがんへ	CFO	2021 9.22
STORY3	H社	計画通りでない	経験あり	創薬	たんぱく質の部分断片からそのものの機能へ	CFO	2021 9.27
STORY3	I社	計画通りでない	経験あり	受託研究食品環境検査	国内・物質の計測から海外・顕微鏡製造	CEO	2022 10.27

（注）ピボットの経験について，アンケート回答では「経験がない」と回答していた企業のうち，C社・D社・E社の3社については，大幅ではなく「小幅な転換」を行っている旨インタビューの中で回答があったため，小幅なピボットの内容を記載している。また，F社は「ピボットの経験がある」旨の回答だったが，インタビューの中で，転換の程度が「小幅な転換」であったことが分かった。ピボットの有無およびその詳細は，第6章「事例分析－出口を踏まえたピボットのプロセス分析－」に記載している。
出所：筆者作成

セスを意味しており，後述のとおり，質的分析の結果，該当経路として3つのパターンがあることが分かった。**図表5.1**では，3つの経路（本書では「STORY」と称することとする）を最優先される列，次に対象企業のアルファベットの昇順にインタビュー先の概要を並べている。

1.2 質問内容

インタビューは，事前に送付したインタビュー依頼書に沿って実施した。半構造化インタビューにおいて，事前に設定した設問は**図表5.2**のとおりである[1]。インタビュイーの回答内容によって，随時関連する質問を投げかけ，回答を得た。なお，インタビューの冒頭に，当初回答をいただいたアンケート質問と対象企業の回答内容をインタビュイーに説明したうえで，アンケートの回答を得た2018年11～12月頃の会社の状況を振り返っていただきながら，インタビューに回答をいただくようにお願いした[2]。また，「1．ピボットの要因について」

図表5.2 インタビュー依頼書に記載した質問内容

```
1．ピボットの要因について
事前の実証分析の結果
「品質管理対応ができている企業ほど，ピボットしにくい」
「外部環境の把握ができている企業ほど，ピボットしやすい」
「CEOに創業メンバーが含まれていると，ピボットしにくい」
との結果が得られております。

2．ピボットと出口戦略の可能性について
以前のアンケート調査では，貴社はピボットの経験が（ある/ない）との回答でした。ピ
ボットを経験（したこと/していないこと）が（IPO/M&A）を目指すにあたり良い影響は
ありましたでしょうか。
```

出所：筆者作成

---

1 本研究課題における質問は図表5.2の2件となるが，別の研究課題に関する質問を別途行っており，本書の問いに関連する回答があった部分は，本研究の分析対象データとして活用した。
2 本書で使用したインタビュー内容については，インタビュー協力を得た9社に本書の完成原稿をメール添付にて送付し，会社に関する記述，引用部分の記載内容に問題ないかどうか確認を依頼し，問題ない旨了承を得て，本文中の記載を行った。

の質問は，量的研究で得られた結果について説明し，インタビュイーがこの結果について自身の経験を中心として，思い当たることを中心に回答を得た。

2　分析手法

　インタビューデータの分析は，質的テキスト分析法（ウド・クカーツ，2018）により実施した。ウド・クカーツ（2018）では，質的テキスト分析を「テーマ分析，グラウンデッド・セオリー（以下，「GTA」と称する），古典的な内容分析，その他の多くの伝統的な解釈学を基本として，カテゴリーを中心にして質的データを体系的に分析していく方法である」と説明している。GTAの場合，新たな概念を探索しながら帰納的に収集した質的データの分析を進め，最終的に理論的なカテゴリーを構築していくところに特徴がある。一方で，質的テキスト分析の場合は，そうではなく，「演繹－帰納的なカテゴリー構築」と呼ばれる一定のルールを前提とするアプローチで，演繹と帰納を繰り返して併用することで，概念を昇華させていくところに特徴がある。特に，リサーチ・クエスチョンや理論に基づいて構築された比較的少数の主要カテゴリーや概念から分析を開始する点がGTAと異なっている。

　本書では，質的テキスト分析の中でも，「テーマ中心の質的テキスト分析[3]」にて分析を行った。テーマ中心の質的テキスト分析は，テーマとサブ・テーマを決めて体系化し，複数のテーマ間の関係性を見出すことに焦点が置かれる分析法である。本書では，第3章および第4章の量的分析にて明らかになった変数間の関係性をテーマとし，インタビューを通じて得られたデータからサブ・テーマを設定し，これらの関係性を分析していくことから，本書の分析手法としてテーマ中心の質的テキスト分析法が適していると考えたため，この分析手法を採用した。これらの主要なテーマを使用してデータを探索的に分析・検討

　3　質的テキスト分析法には，「テーマ中心の質的テキスト分析」以外に，「評価を含む質的テキスト分析」「類型構築式質的テキスト分析」がある（ウド・クカーツ，2018）。

図表5.3 テーマ中心の質的テキスト分析のプロセス

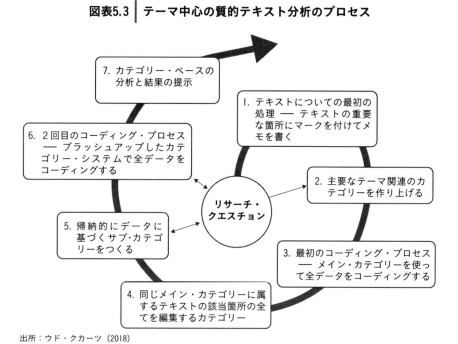

出所：ウド・クカーツ (2018)

するプロセスは**図表5.3**のとおりである。

　本書では，このテーマ中心の質的テキスト分析について，MAXQDA Analytics Pro 2020[4]に搭載されている機能を応用して，下記のとおり実施した。

　第一に，「テキストについての最初の処理－テキストの重要な箇所にマークを付けてメモを書く」である。このプロセスでは，第3章および第4章で得られた結果に関連する箇所を，MAXQDAのマーカーの機能を用いて色付けし，以後のプロセスの中で帰納的に分析する対象箇所を絞る作業を行った。なお，このプロセスにて第3章および第4章で提示した概念ごとに色を変更してマー

　4　質的および混合研究法によるデータ分析のために設計されたソフトウェアである。特に，質的分析のためのツールとしては，MAXQDAおよびNVivoが使用されることが多い。

キングを行っている。なお，メモの作成には，MAXQDAの「文書内のメモ」にマーキングした箇所を紐づけてメモを記録した。

　第二に，「主要なテーマ関連のカテゴリーを作り上げる」プロセスである。本書では混合研究法による説明的順次アプローチを使用していることから，メイン・カテゴリーは，第3章および第4章で明らかになった変数間の関係性を第一階層のコードとして作成した。すなわち，「品質管理対応（＋）→ピボット（－）」「外部環境の把握（＋）→ピボット（＋）」「創業者CEO（＋）→ピボット（－）」「ピボット→出口戦略」という4つのメイン・カテゴリー名を分析の暫定的な名称として設定した。

　第三に，「最初のコーディング・プロセス－メイン・カテゴリーを使って全データをコーディングする」である。このプロセスでは，第一のプロセスでマーキングした全ての箇所を，第二のプロセスで作成した第一階層のメイン・カテゴリーのコードに分類をした。このプロセスにおいて，メイン・カテゴリーのコードに割り当てるインタビューデータの単位は，メイン・カテゴリーのコードにデータを割り当てて脱文脈化をしたとしても，それ自体で割り当てたセグメントの内容が理解できる程度の十分な大きさであることに配慮して，メイン・カテゴリーのコードにデータを分類した。

　第四に，「同じメイン・カテゴリーに属するテキストの該当箇所の全てを編集する」である。このプロセスは，MAXQDAのアクティブ化[5]という機能を用いることで，メイン・カテゴリーごとに割り当てたセグメントのみを全てリストアップし，該当箇所を抽出した。

　第五に，「帰納的にデータに基づくサブ・カテゴリーを作る」である。このプロセスは，第四のプロセスでリストアップしたセグメントと作成したメモを参考にして，第一階層のメイン・カテゴリーのコードの下に第二階層を作成し，

5　インタビューデータの含まれた文書から特定のファイルを選択し，特定のコードを含むセグメントを検索し，画面上に一覧として表示する機能をアクティブ化という。第四のプロセスでは，全てのインタビューデータを対象として，個々のメイン・カテゴリーのコードを選択することで，テキストの該当箇所を一覧化した。

作成した第二階層に帰納的にサブ・カテゴリーをコードとして定義していくプロセスである。具体的には第四のプロセスでアクティブ化したメイン・カテゴリーのセグメントの一覧を読み込み，サブ・カテゴリーのコードを作成し，ネーミングを行った。

　第六に，「2回目のコーディング・プロセス－ブラッシュアップしたカテゴリー・システムで全データをコーディングする」である。このプロセスは，MAXQDAのSmart Coding Tool（スマート・コーディング・ツール）という機能を用いて実施した。すなわち，第五のプロセスで作成したサブ・カテゴリーのコードに，スマート・コーディング・ツールの「コード付きセグメント」の該当箇所を選択して，サブ・カテゴリーに分類した。

　第七に，「カテゴリー・ベースの分析と結果の提示」である。第一〜第六までのプロセスで作成したメイン・カテゴリーおよびサブ・カテゴリーを多角的に分析し，分析結果を可視化するプロセスである。ここでは，メイン・カテゴリー同士の関係性，1つのメイン・カテゴリーと複数のサブ・カテゴリー間の関係性，サブ・カテゴリー同士の関係性を検討し，整理を行った。

　なお，これらの検討・整理のプロセスの中で，カテゴリー名の変更や追加・削除を帰納・演繹の両方の観点から繰り返すことで，より整合的なコーディングとなるように努めた。これらの整理した結果については，次節にて説明する。

3　分析結果

3.1　3つのピボットにまつわる意思決定の経路

　質的テキスト分析の結果，3つのピボットにまつわる意思決定の経路が存在していることが分かった。3つのピボットにまつわる意思決定の経路は**図表5.4**のとおりである。以下の項にて3つの意思決定の経路を説明する。なお，本書では，3つの経路をSTORY1，STORY2，STORY3と呼ぶこととする。STORY1は「ピボットをしない経路」，STORY2は「事業を小幅に転換（小転

図表5.4　出口戦略を踏まえたピボットにまつわる3つの経路

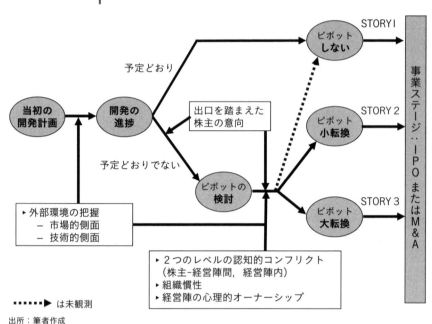

出所：筆者作成

換）する経路」，STORY3は「事業を大幅に転換（大転換）する経路」である。なお，ピボットの大きさに関する基準は，本書のピボットの定義である「メインの開発製品分野やターゲット市場を大幅に転換すること」に即して判断した。詳細は，第6章「事例分析—出口を踏まえたピボットのプロセス分析—」にて事例ごとに記述する。

3.1.1　ピボットしない経路（STORY1）

　STORY1は，「ピボットしない」意思決定の経路である。IPOまたはM&Aを目指すにあたり，技術開発に関する計画を立て，その計画が予定どおりに進捗するか否かが，ピボットの有無を分ける第一の分岐点となる。STORY1は，この技術開発が計画どおりに進捗している経路である。技術開発が計画どおり進

捗している場合は，ピボットを検討する必要性がなく，そのままIPOまたはM&Aを目指すこととなる。

3.1.2 事業を小幅に転換する経路（STORY2）

STORY2は，「事業を小幅に転換する」意思決定の経路である。すなわち，IPOまたはM&Aを目指す出口として，技術開発に関する計画を立て，その計画が予定どおりに進捗しない場合の経路である。技術開発が予定どおりに進捗していないことに対して株主が指摘し，経営陣はピボットを検討することとなる。ピボットの検討には外部環境の把握，株主の意向，2つのレベルの認知的コンフリクト（株主と経営陣間で生じる認知的コンフリクト，経営陣内で生じる認知的コンフリクト）が影響を与えていた。STORY2は，このピボットについての検討を行った結果，ピボットの大きさを小幅とする意思決定プロセスである。

3.1.3 事業を大幅に転換する経路（STORY3）

STORY3は，「事業を大幅に転換する」意思決定の経路である。ピボットの検討にいたるまでのプロセスは，STORY2と同様である。STORY2との違いは，ピボットについての検討を行った結果，事業を大幅に転換しているという点である。ピボットの大きさが小幅となるか大幅となるかについては，「3.2.7 ピボット」の項にて説明する。

3.2 カテゴリーの分析

テーマ中心の質的テキスト分析により導き出されたピボットの意思決定の経路について，**図表5.5**のとおり7つのメイン・カテゴリーに整理した。その7つのメイン・カテゴリーは，ピボットの意思決定に影響を与える6つの概念「外部環境の把握」「開発の進捗」「出口戦略に関わる株主の意向」「認知的コンフリクト」「組織慣性」「経営陣の心理的オーナーシップ」とピボットにまつわる3つの経路に関する概念「ピボット」に分類される。**図表5.5**では，7つのメイン・カテゴリーおよびそれに関連するサブ・カテゴリーを示し，その定義

図表5.5　メイン・カテゴリーおよびサブ・カテゴリーとその定義

メイン・カテゴリー	サブ・カテゴリー	定義
外部環境の把握	市場的側面	自社の対象とする市場の状況や、その市場における同業他社の技術動向や事業戦略を把握しているかどうか
	技術的側面	自社製品の顧客（創薬の場合は患者）と接点を持ち、ニーズや情報を把握し、それに応える技術水準を確認しているかどうか
開発の進捗	予定どおり	研究開発の計画が予定どおり進捗している
	予定どおりではない	研究開発の計画が予定どおり進捗していない
出口戦略に関わる株主の意向	経営陣の影響	株主の中で経営陣の持分比率が大きく、経営陣が出口戦略に関わる意思決定に対し、大きな影響を与えていること
	投資家の影響	株主の中で投資家の持分比率が大きく、投資家が出口戦略に関わる意思決定に対し、大きな影響を与えていること
認知的コンフリクト	株主ー経営陣間	事業に対する立場や見解が異なることにより、株主と経営陣の間で起こる意見の対立のこと。本書の分析対象企業では、ピボットの必要性をめぐる立場や見解の相違から発生している
	経営陣内	事業に対する立場や見解が異なることにより、経営陣内で起こる意見の対立のこと。本書の分析対象企業では、技術的および管理的な立場や見解の相違から発生している
組織慣性	組織規模	組織の大きさを表す尺度。本書では主に創業年数や従業員数などを想定した操作化をしている
	サンクコスト	既に支払われてしまった費用や、過去の投資など事業の撤退や中止をしても戻って来ない資金や労力のこと
	経営資源の蓄積度	既存の事業を遂行する過程で蓄積してきた経営資源のこと。ノウハウなどの知的財産も含む
	過去の失敗経験	新たな市場進出や取り組みがうまく進捗せず、以降の事業に影響を与えている過去の経験のこと
経営陣の心理的オーナーシップ	事業に対するオーナーシップ	経営陣が自社の事業そのものに対して、所有の対象またはその一部が自分のものであると感じる状態
	技術に対するオーナーシップ	経営陣が自社の持つ技術に対して、所有の対象またはその一部が自分のものであると感じる状態
	変化に対応する柔軟性	外部環境に適合するため、組織が変化する必要がある場合に、自らが柔軟な意思決定ができるかどうか
ピボット	ピボットしない	ピボットを行わず、当初の事業を継続すること
	小転換	事業を小幅に転換すること
	大転換	事業を大幅に転換すること

出所：筆者作成

を記載した。以下に，メイン・カテゴリーおよびサブ・カテゴリーについて，メイン・カテゴリーを【　】で表記し，サブ・カテゴリーを「　」で表示し，インタビューデータの代表的な引用を交えて説明する。

3.2.1　外部環境の把握

まず，【外部環境の把握】についてサブ・カテゴリーとなる「技術的側面」および「市場的側面」の観点から説明する。第3章の実証分析の結果である「外部環境の把握ができているバイオベンチャーほど，ピボットしやすい」について，インタビューで得られたデータを詳細に分析した結果，バイオベンチャーを取り巻く【外部環境の把握】は，「市場的側面」および「技術的側面」の2つに分類された（**図表5.6**）。「市場的側面」については，さらに「ターゲット市場の把握」と「競合他社の状況把握」に分類された。「ターゲット市場の把握」については，創薬の場合，患者数の多さを市場の大きさと捉えるこ

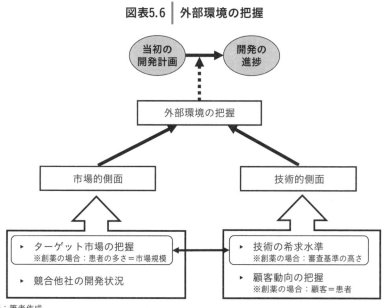

図表5.6　外部環境の把握

出所：筆者作成

とができ，患者数の多い疾患かどうかがターゲット市場選択の一つの判断材料となっていた。さらに，競合他社の動きを把握することが，自らのピボットの意思決定に大きく影響を与えていた。

「技術的側面」については，さらに「技術の希求水準」と「顧客動向の把握」に分類された。「技術の希求水準」については，バイオベンチャーの場合，自社製品が顧客に受け入れられるための高い技術水準が求められる。「顧客動向の把握」については，その後の開発する製品の改善につなげるための重要な動きであることが示された。

また，上述したように，バイオベンチャーの中でも，創薬を主要事業とする創薬系バイオベンチャーの場合は，患者数が多い疾患であるほど，市場規模が大きいと捉えることができる。一方で，患者数が多い疾患の場合，新薬の上市のために求められる審査基準が高くなる。すなわち，市場規模が大きいほど，技術開発の不確実性はより高くなる。アンメット・メディカル・ニーズ[6]の場合，患者数が少ないことから市場は小さいと捉えられる一方で，患者数の多い疾患と比較して審査基準は相対的に小さいと捉えることができるのが特徴である。

「ターゲット市場の把握」の代表的な引用（G社・CFO）
　（CEOとCTOは）自分がやってる診療科の疾患ですから，こんなもの簡単だって言ってましたけど，薬にするのはもっと大変。その点，○○がんというのは，患者の発生数しかり，それから何て言うんでしょう，非臨床から臨床にいたるそのオペレーションのところの比較的他の複雑な患者数が多くて，ケースが多々分かれてるのに比べたら，扱いはオペレーショナルっていう感じだと思います。

「競合他社の開発状況」の代表的な引用（H社・CFO）
　（特定のたんぱく質名）そのものを研究するにあたっては，実は大手の製薬

6　いまだ有効な治療方法がない疾患に対する医療ニーズのことをアンメット・メディカル・ニーズという。がんのような患者数の多い疾患もあれば，患者数は少ないものの，治療薬の必要性が高い希少疾患もある。

メーカーが手を引いていったと。というところがあって（特定のたんぱく質名）そのものを研究する者が誰もいなくなったというところから，うちが研究開発して医薬品にするというところは，創業者・創業メンバーから言うなら命令みたいな感じできたところであります。

「技術の希求水準」の代表的な引用（B社・CEO）
　そうですね，基本的にはこれまでそんなに変わってきていないんですけども，我々，特に研究側というのは，どんどん技術が進歩していきますので，古い技術にとらわれちゃいけないなっていうのは常に考えて，特にベンチャーの価値っていうのは，新しいことを早く実用化するために持っていく部分かと思ってますので，いろんな意味では自由度を持ちながらでも，目標っていうのはしっかり持ちながらっていうところかなと思っております。

「顧客の動向の把握」の代表的な引用（E社・CTO）
　そういう意味では，うちが新しい製品を出しているっていうのは，修正なんですよ。去年の8月に出したやつはもっとコンパクトで軽量で，その代わり補助力が弱いっていう製品，○○○という製品なんですけど。
・・・（中略）・・・
　それは一昨年の夏ですけど，うちの場合は製品がもうあるので，今あるものが思うように売れない，それはなぜかっていうのを考えて，それに基づいてこういう製品を次に出そう，というのでやってきているという感じです。

3.2.2　開発の進捗

　次に【開発の進捗】について説明する。【開発の進捗】は，バイオベンチャーの技術開発計画が，その計画のとおりに進捗しているのかどうかに関するメイン・カテゴリーである。この【開発の進捗】が当初に立てた計画どおりに進捗しているのかどうかが，ピボットをするか否かを分かつ分岐点となっていた。技術開発の計画が予定どおり進んでいれば，ピボットを検討する必要性が特段生じることはない。一方で，技術開発計画が進捗どおりでない場合は，ピボットを検討するというプロセスとなる。

「開発の進捗（予定どおり）」の代表的な引用（B社・CEO）
　その時点でですね，もうIPOするためにはこの事業の方向でっていうことで，当然20●●年[7]に決めて5年間かかりましたけど，ずっとできたうえの5年かっていうと，私としてもそんなに納得したというふうには考えてはいません。当然20●●年に策定した事業計画どおりに進めることができたので，予定どおりの上場ができたというふうに考えて，現状では事業というところはあまり変更なくといいますか，そこまでも変更なく来れたっていうところは当然あります。

「開発の進捗（予定どおりでない）」の代表的な引用（F社・CEO）
　元々，（創業から）10年後に黒字にするつもりだったんです。私どもは。それが黒字になったのは12年ですから。私も言ってみれば2年間，お客に株主に2年間，嘘ついたことになるわけです。だけどそう簡単に予定どおりにいかないです。

3.2.3　出口戦略に関わる株主の意向

　ここでは，【出口戦略に関わる株主の意向】に関する定義と2つのサブ・カテゴリーについて説明する。【出口戦略に関わる株主の意向】は，【開発の進捗】が予定どおりでない場合に，次のプロセスとなるカテゴリーである。これは，【開発の進捗】が予定どおりでない場合に，株主から経営陣に対して，出口戦略に関わる意向を伝え，その後のピボットの検討にも影響を与える概念として導出された。この【出口戦略に関わる株主の意向】については，影響力を持つ株主によって大きく「経営陣の影響」と「投資家の影響」の2つのサブ・カテゴリーに分類される。

　第一に，「経営陣の影響」は，経営陣の株主比率が高く，経営陣がピボットの意思決定について大きな影響力を持つ場合である。経営陣の影響が強い事例においては，経営陣の意向が柔軟にピボットの意思決定に反映されていた。

　第二に，「投資家の影響」が強い場合である。投資家の中でも，特にVCからの資金調達に伴い，VCから影響を受けている企業の事例が多く観察された。

7　企業名の特定につながらないようにするため，IPOの計画年を抽象化している。

第5章　ピボットするのか・しないのか―意思決定の要因と3つの経路―　*81*

　これらの事例では，特に投資家が【開発の進捗】が予定どおりでない場合に経営陣に意見をし，経営陣は当初の計画の修正を検討する中で，ピボットの検討を行っていた。また，経営陣がピボットを検討する中で，投資家がその意思決定にも影響を与えていることが分かった。

　　「経営陣の影響」の代表的な引用（D社・CTO）
　　　弊社は（CEO名）の個人の会社が筆頭株主なんですね。2018年には，社員といいますか，会社に所属しながら株主として取締役会に参加しているメンバーはゼロです。（CEO名）以外は社外取締役になっています。
　　　　　　　　　・・・（中略）・・・
　　　今の経営陣といいますか，株主，取締役会の構成は（CEO名）の人脈ですよね。もう人脈絶やさないんですよね。若い頃のコミュニケーションもみんな続けていますから。結構こまめにやってるんですね。びっくりしますけど。
　　　　　　　　　・・・（中略）・・・
　　　ピボットという観点でいうと，社長の（CEO名）の意識が極めて高い。ということがあって，例えばですけども，弊社は上場しないとずっと言ってきたんですけど，1年ぐらい前から上場することも選択肢にし始めてます。これはいろんな背景があるんですけれども，そういうことを議論しながらやるんではなくて，やっぱりトップとして，この会社をきちんと経営していくためにはそういうことも選択肢の一つだというスタンスなんですね。

　　「投資家の影響」の代表的な引用（C社・CEO）
　　　主な株主はですね，先ほどの（C社の社外取締役名）のファンドですとか，（VC名）とかですね。私が属してた（VC名）っていう，もう私は離れてますけども，そういうのがメインのインベスターで。ただインベスター自体はですね，事業会社も含めて30社以上入ってます。

3.2.4　2つのレベルの認知的コンフリクト

　ここでは，【認知的コンフリクト】の定義およびそのサブ・カテゴリーとなる2つの【認知的コンフリクト】について説明する。認知的コンフリクトとは，企業内での共通の目標を達成するためのタスクや方法に関するものであり，メ

ンバー間の認知や知覚が異なることにより生じる対立のことである。この認知的コンフリクトは、機能的で、チームのパフォーマンス向上に必要であると考えられている（Amason, 1996）。タスクに関連する認知的コンフリクト（タスクコンフリクト）は、より幅広い選択肢を生み出し、意思決定の包括性を高める（Simons et al., 1999）ことから、肯定的に捉えられている研究が多い。一方で、このコンフリクトの発生と同時に、人間関係や感情的なコンフリクト（リレーションシップコンフリクト）も起こる（Simons & Peterson, 2000）ことから、業績の良い企業の経営陣は、タスクに関連する認知的コンフリクトを奨励し、リレーションシップコンフリクトを抑止することができる者であることが多いとされている（Ensley et al., 2002）。

経営陣がピボットするか否かを意思決定するプロセスには、2つのレベルの【認知的コンフリクト】が影響を与えていた（**図表5.7**）。

第一に、「株主−経営陣間」における【認知的コンフリクト】である。この場合の【認知的コンフリクト】は、メインとなる株主が投資家であり、前項における「投資家の影響」が大きいことから起きるコンフリクトである。投資家はバイオベンチャーに対して投じてきた経営資源（特に資金面での支援）が無駄になってしまうことを恐れていた。一方で、経営陣側は【開発の進捗】が予定どおりでないことから、技術開発計画の変更を含め、事業を転換することで現状の打開を図りたいとの意向が伺えた。すなわち、ピボットすることにより、これまでの投資がサンクコストとなってしまうことから、当初の事業を諦めて

図表5.7　2つのレベルの認知的コンフリクト

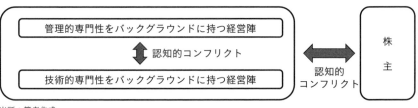

出所：筆者作成

ほしくないと考える投資家と【開発の進捗】が予定どおりでないことから，ピボットの必要性を感じている経営陣との間で【認知的コンフリクト】が生じていることが伺えた。

第二に，「経営陣内」で生じる【認知的コンフリクト】である。バイオベンチャーの場合，経営陣の中に技術的専門性を持つ経営陣と管理的な専門性を持つ経営陣が含まれる場合がある[8]。「経営陣内」で生じる【認知的コンフリクト】とは，技術的専門性を持つ経営陣がピボットをすることに対して抵抗感を示す一方で，管理的専門性を持つ経営陣はピボットの必要性を感じており，ピボットに対する認識が異なることにより生じるコンフリクトである。

技術的専門性を持つ経営陣は，ピボットを行うことにより，これまで自身が専門として従事してきた技術開発分野から離れてしまうことにより，自身の技術的専門性を活かせなくなってしまうことから，ピボットすることに対して抵抗感を抱いていることが分かった。また，ピボットを行うことで，これまでの技術開発の領域にて蓄積してきた実験結果やノウハウなどの知的資源が損なわれてしまうことに対して抵抗感を抱いていることがインタビュー内容から伺えた。一方で，管理的専門性を持つ経営陣については，技術的な視点ではなくIPOまたはM&Aによる出口に関心が向いており，【開発の進捗】が計画どおりではないことに対して，当初の技術開発計画の修正・変更が必要かどうかを検討する。すなわち，これまで蓄積してきた技術的な経営資源がサンクコストとなるという点よりも，IPOまたはM&Aによる出口に近づくために必要なことを優先的に考えていることがインタビュー内容から伺えた。

---

[8] ここでの技術的専門性を持つ経営陣，管理的専門性を持つ経営陣とは，CEO・CFO・CTOといった役職に従事する人材のバックグラウンドとして，技術的専門性を持っているのか，または管理的専門性を持っているのかを指す。CEO・CFO・CTOといった役職の人材が経営陣にいるか否かでは，判断していない。

「株主－経営陣間」の【認知的コンフリクト】に関する代表的な引用（G社・CFO）

　　元々（CEOとCTO）は心臓内科の臨床医の先生ですから2人とも。最初はですね，急性心不全の進行，その後の心不全にいたる過程で，抗体薬でもってその心不全の状態を緩和治療できるということで，心不全の治療薬としてこの抗体薬をやらせてくれってことだったんですけど，そこで（VC名）との相当突っ込んだ論議の中で，「心不全はちょっと難しいです。患者数多いということはイコール何ていうのでしょう，サイクル数を増やさせなきゃいけないということで，とてもじゃないですけど，もう臨床のフェーズ3はおろか，フェーズ1だってこれ審査には行けないですよ[9]，ですから疾病を変えてください」っていうことで，渋々か喜んでか分からないですけど，アンメットニーズの高かった治療法が確立されてない○○がんの治療をこの抗体薬でやるということで。実は，これが森口先生がおっしゃってるピボットに相当するかどうかですけれども，心臓内科の先生としては癌の治療薬というところで大きく妥協していただいて，そこで今その後はこの○○がんからぶれずに来ているっていうことですね。

「株主－経営陣間」の【認知的コンフリクト】に関する代表的な引用（C社・CEO）

　　臨床開発で臨床試験のデータなんかが出てる段階で，やっぱし別の医薬品にしようとするとまたゼロから立ち上げになっちゃうんで。そのレベルのピボットは，基本的にはもうそこまで行っちゃうとなかなか投資家もついてこないっていうのが，多分そういう結果が出た背景ではないかなって気はします。

　　　　　　　　　　　　・・・（中略）・・・

　　もう一つは，当たり前ですけど，投資家に1年間の資金自体も結構かかる状況で，いきなり違うところにシフトをするっていうのは，投資家が応えてくれれば可能になる話だと思うんですけども，まったく違ったパイプライン[10]に乗り

9　臨床のフェーズとは，治験の段階のことをいう。フェーズ1は，成人に対して開発中の薬剤を投与して薬効や安全性を調べる段階である。フェーズ2は，少数の比較的病状の軽度な患者に対して，フェーズ1で安全性が確認された用量の範囲内で，薬剤の安全性や有効性，その用法・用量などを詳しく調べる段階である。フェーズ3は，大多数の患者を対象として，実際の治療で使用する形で薬剤の効能を調査する段階である。

10　創薬における薬剤の開発初期段階から販売開始までの1つの開発プロジェクトのことをパイプラインという。

換えるってのは，本当に大変な作業なってしまうのではと。

「経営陣内」の【認知的コンフリクト】に関する代表的な引用（G社・CFO）
　そうですね。ちょうど先生の解説にもあるように，やっぱ専門性といったところが強みだと思っているのに対して，ピボットはやはりそれとは違う世界。お医者さんの世界は非常にやっぱり専門領域ごとに特化しておりますので，やっぱり心臓内科と，それから，癌だったら○○科ですけど，もう全然違う世界と思ってるみたいで。現に，やはり薬事と付き合うときもやはり，心臓領域なのか癌腫瘍の領域なのかでだいぶ違いますので。ピボットをして苦労したところというのはそういった先生方にとってみると専門領域の違う世界で戦わなきゃいけない。両先生そうですけど，私なんかにしてみたら，もう何の影響もないのでということで，これはサイエンスとかを担ってるところの問題だったかなと思ってます。

3.2.5　組織慣性

ここでは，【組織慣性】に関する定義および4つのサブ・カテゴリーについて説明する。組織慣性とは，組織が変化に直面した際に安定を維持する方向に均衡を保とうとする働きのことで，組織変革研究上の重要概念である（Gilbert, 2005；Tushman & Romanelli, 1985）。この【組織慣性】は，質的テキスト分析のプロセスを経て，前項にて述べた「株主－経営陣間」「経営陣内」の【認知的コンフリクト】が生じる要因の一つとして位置づけられた。さらに，質的テキスト分析の結果，【組織慣性】は4つのサブ・カテゴリー「組織規模」「サンクコスト」「経営資源の蓄積度」「過去の失敗経験」に分類された。以下に4つのサブ・カテゴリーについて説明する。

　第一に，「組織規模」は，バイオベンチャーの創業年数や従業員数などで操作化される概念である。この「組織規模」が大きくなるほど，ステークホルダーとの関係性が拡大・深化し，品質管理面を含む組織内での管理体制が固まってくることで，柔軟な意思決定が困難となっていることがインタビュー内容から伺えた。

　第二に，「サンクコスト」である。すなわち，現在にいたるまでに費やした

資金や労力,時間などを惜しみ,意思決定に影響を与えることである。事例の中では,投資家や技術的専門性を持つ経営陣が,ピボットすることによりサンクコストが回収できなくなることを危惧していることが,インタビュー内容から伺えた。

　第三に,「経営資源の蓄積度」である。「組織規模」「サンクコスト」とも関連するもので,創業年数を重ね,技術に関する知的資産を含め経営資源が蓄積されると,これら経営資源のサンクコストに対する考え方をめぐって,2つのレベルでの【認知的コンフリクト】が発生していることが分かった。また,第3章の「品質管理ができているバイオベンチャーほど,ピボットしにくい」という分析結果については,「経営資源の蓄積度」に関連していることが分かった。すなわち,品質管理はバイオベンチャーにとって重要な技術的な知的資産であり,投資家や技術的専門性を持つ経営陣は,これらが蓄積されていく一方で,サンクコストになることを避けようとしていることがインタビューを通じて分かった。

　第四に,「過去の失敗経験」である。バイオベンチャーが現時点にいたるまでに,別のプロジェクトで失敗をした経験がある場合に,この経験が新たな事業への転換を検討する際に影響を与えていた。これらの過去の失敗経験を教訓としつつ新たな転換に踏み出そうとする経営陣と,過去の失敗経験から新たな転換に足踏みしている経営陣との間での【認知的コンフリクト】がインタビューの中で伺えた。

　これら4つのサブ・カテゴリーで構成される【組織慣性】が「株主-経営陣間」「経営陣内」の【認知的コンフリクト】が発生する一つの要因となっており,これらがピボットの意思決定に影響を与えていた。

　<u>「組織規模」に関する代表的な引用（B社・CEO)</u>
　　当然ですね,一旦品質管理じゃないですけれども,組織が一旦決まってしまえば,なかなかそこをスクラップアンドビルドじゃないですが,それもあって非常に勇気もいりますし,非常に困難を伴うことになります。それは従業員に

対してもですね，この職種から違う特性といったところでは，非常にストレスのかかるところがあります。

「組織規模」に関する代表的な引用（D社・CTO）
　それから，グローバルのほうに展開していこうという意識が今とても強いんですけど，グローバルに行くと，もう完全に品質は避けて通れないんですね。中身のある品質以前に品質っていうのは文書かなっていうところからスタートするので，文書化すると，そのためのスタッフとかですね，手間が増えるわけですね。で，創業した（CEO名）はそういうことはあまり強く意識してないので，本当に身動きがとりにくくなる。こういうことは事実として存在します。

「サンクコスト」に関する代表的な引用（C社・CEO）
　やっぱ市場側からすると非常にアンメットニーズの高い疾患だという認識がされてる領域だったんで，日本はワクチンが止まっていたりとかいろんな背景があるんで，そっちに転換をしようっていうことは，たまたまそういう意味で転換コストが低かったという背景があります。

「経営資源の蓄積度」に関する代表的な引用（C社・CEO）
　そうですね，本当に医薬品って治験申請なんかをすると分かるんですけども，もうとにかくやってきたデータをどんどん積み上げて，治験薬概要書っていうのは厚いのを作ってるんですね。1個試験するたびにそれが積み上がってくる。こういう世界なんで，そこをガラガラポンするっていうのは結構大変。

「過去の失敗経験」に関する代表的な引用（D社・CTO）
　それは今やってみなくちゃ分からないからやろうって言っていて，海外にも支店（子会社）を作って，販売に向けた準備を1社だけ（アメリカだけ）は今販売できていますけれども，そういうことをやっています。なので，外部環境はある程度見たうえでやっていますが，過去にですね，例えば海外展開で失敗した，もしくはうまくいかなかった苦労を抱えてる社員も当然いるんですね。そういうスタッフからは逆に，「やー，そんなこと言ってもそんな簡単にはできないよ」っていうことが先に出てくるんですね。

3.2.6 経営陣の心理的オーナーシップ

ここでは，【経営陣の心理的オーナーシップ】の定義および3つのサブ・カテゴリーについて説明する。心理的オーナーシップとは，法的な所有権とは異なり，所有の対象またはその一部が自分のものであると個人が感じる状態のことをいう。第3章では「CEOが創業者であるバイオベンチャーほど，ピボットしにくい」という分析結果が導き出されたが，インタビュー内容の質的テキスト分析を実施したところ，CEOだけではなく，他の経営陣の構成メンバーについても，創業者であるか否かが経営陣全体の心理的オーナーシップに影響していることが分かった。Pierce & Jussila（2010）は，心理的オーナーシップという概念は，個人のみが持つ概念ではなく集団レベルでも考えられ，集団のメンバーが何かを集団的に自分たちのものであるかのように感じていると述べている。このことから，【経営陣の心理的オーナーシップ】は，個人ではなく経営陣を単位として発生する，所有の対象またはその一部が自分たちのものであると感じる度合いであると定義した。

この【経営陣の心理的オーナーシップ】は，3つのサブ・カテゴリー「事業に対するオーナーシップ」「技術に対するオーナーシップ」「変化に対応する柔軟性」に分類された。以下に，3つのサブ・カテゴリーについて説明する。

第一に，「事業に対するオーナーシップ」である。質的テキスト分析の結果，この「事業に対するオーナーシップ」は，経営陣が創業メンバーであることが関連していた。すなわち，経営陣が創業メンバーである場合，自らの技術分野よりも，創業時の事業そのものに対してこだわりを持っている傾向があることが，インタビュー内容から読み取れた。

第二に，「技術に対するオーナーシップ」である。今回のインタビュー対象先では，特に技術的専門性をバックグラウンドに持つ経営陣は，自らの専門とする技術に対してこだわりを持っている一方で，管理的専門性をバックグラウンドに持つ経営陣は，技術的専門性を持つ経営陣と比較して，技術に対するこだわりは相対的に小さく，IPOまたはM&Aによる出口にたどり着くことに関心が向いていた。

第三に,「変化に対応する柔軟性」である。メインの株主が経営陣となっている事例において,その経営陣自身がピボットの意思決定に影響を与えることから,その経営陣自身が「変化に対応する柔軟性」を持っているかどうかによってピボットの意思決定が左右されていた。

「技術に対するオーナーシップ」に関する代表的な引用（G社・CFO）
　１年ほど前までは,「俺たち心臓のことは担ってきたけど,がんのことは分からんよね」って言ってました。最近はもう言いませんけど,そういったところを妥協して飲まれたのが,その後のブレがないおかげか一つのファクターかなと思っております。

「事業に対するオーナーシップ」に関する代表的な引用（F社・CEO）
　一番いいのは,やっぱり失礼だけど,雇われ社長とかいう形だと,あまりにも責任感じちゃって,普通のCEOであり,自分がやっていてということになると,先ほど言ったような,リスクの高いことをやらなくなるんです。
　　　　　　　　　・・・（中略）・・・
　雇われ社長は申し訳ないけど,自分の財産損するわけじゃないから。だから,思い切った手が打てる。どうでもいいやじゃないけど。

「事業に対するオーナーシップ」に関する代表的な引用（B社・CEO）
　創業者のものっていうのが非常に強い人はですね,なかなか時代がこうなったよと言っても「何を言ってんだ君」とか何か言うような話も出てくるかもしれない。

「変化に対応する柔軟性」に関する代表的な引用（D社・CTO）
　そういうこと（＝過去の失敗経験から新たなことにチャレンジしないこと）が出るのを（CEO名）は一番嫌なので,行動基準の中に,「やってみなくちゃ分からない」っていう過去の概念にとらわれすぎちゃうともう何もできないから,新しい考え方でやってみようよって常に発言しているということになります。ですので,転換しやすい,ピボットしやすいっていう考え方もありますし。知ってるよりは,苦労したがゆえにしにくいっていうのも現実にあります。

3.2.7 ピボット

最後に,【ピボット】に関する3つのサブ・カテゴリー,「ピボットしない」「小転換」「大転換」について説明する。

まず,「ピボットしない」意思決定は,当初の技術開発計画の進捗が計画どおりである場合,「ピボットしない」意思決定を行う経路である。計画どおりに技術開発が進捗していることから,特段ピボットの必要性が生じることなく,そのまま当初の事業を継続するケースである。一方,当初の開発計画の進捗が計画どおりでない場合,株主の意向を受けて経営陣がピボットの検討をする。その結果,「ピボットしない」という経路も想定されるが,本書の質的分析の対象となった9社についてはこの経路に該当する企業はなかった。

第二に,ピボットをすると意思決定した場合の経路である。質的テキスト分析を通じて,ピボットは「小転換」と「大転換」に分類されることが分かった。本書では,「小転換」をSTORY2,「大転換」をSTORY3と分類した[11]。STORY2およびSTORY3では,ピボットの検討を行うまでのプロセスは同じである。STORY2とSTORY3の違いは,ピボットの大きさであり,その大きさは,「3.2.5 組織慣性」にて提示したサブ・カテゴリー「経営資源の蓄積度」に関連していた。すなわち,当初の事業において蓄積した経営資源がピボット後にどの程度残され,活用されているかにより「小転換」と「大転換」に分類し,活用の程度が多ければ「大転換」,少なければ「小転換」とした。活用の程度の判断基準については,本書でのピボットの定義である「メインの開発製品分野やターゲット市場を大幅に転換」した場合,当初の事業において蓄積した経営資源が転換後の事業では活用されにくいと判断した。よって,メインの開発製品分野

---

11 本研究では,ピボットの定義を「メインの開発製品分野やターゲット市場を大幅に転換すること」としてアンケート実施をしたこともあり,アンケート時点ではピボットの経験があるかないかの二者択一となっていた。しかし,図表5.1の注釈でも記載のとおり,アンケートでは「ピボットの経験がない」と回答したものの,実際にインタビューをしたところ,「小幅な転換は行っている」という企業があった。また,アンケートでは「ピボットの経験がある」と回答したものの,実際のインタビューを行ったところ,大幅な転換(大転換)ではなく小幅なピボット(小転換)であるような企業の事例もいくつか観測された。

やターゲット市場を大幅に転換した事例を「大転換」と解釈した。また，この「大転換」以外のピボットの事例は，メインの開発製品分野やターゲット市場の大幅な転換ではない事例として「小転換」と解釈した。

また，ピボットの大きさは，【出口戦略に関わる株主の意向】を踏まえ【外部環境の把握】【認知的コンフリクト】【組織慣性】【経営陣の心理的オーナーシップ】の4点が影響を与えていた。これらがいかに関連し合い，ピボットに影響を与えているのかについては，第6章以降で論じることとする。

「ピボットしない」に関する代表的な引用（A社・CEO）
　社内のほうはですね，なにせ作業内容が菌の培養ですから，たくさん人がいらないんですね。事業化もこの20年ぶれないで，いろんな副業をすれば金儲けできたんですけども，一切やらないで，この研究に邁進するということで，規模も落ちないで中身の濃い会社にしようと，っていうところです。

「小転換」に関する代表的な引用（C社・CEO）
　ウイルスが違ったりとか，インディケーション[12]が違うところとかは実は狙えるんですけども，たまたま我々ちっちゃなピボットってのはちょっと18年頃したっていうのは，同じ（ウイルス名）を狙ってたんですけど，（体の部位名）から（体の部位名）に変えたっていうのはですね，比較的山が低かったんで。もう一つ背景は，その頃はやっぱし（体の部位名）のほうが，当然IPOを目指してるんで，市場受けをする。なんていうんでしょう，あまり言い方がどうか分かんないすけど，やっぱ市場側からすると非常にアンメットニーズの高い疾患だという認識がされてる領域だったんで，日本はワクチンが止まっていたりとかいろんな背景があるんで，そっちに転換をしようっていうことは，たまたまそういう意味で転換コストが低かったという背景があります。

12　インディケーションとは，特定の治療法や医薬品が使用される医学的な理由や適応症のこと。一つの医薬品が複数の適応症に効果を示す場合もある。

「大転換」に関する代表的な引用（H社・CFO）
　　正確にいうと，一応事業内容の転換はしておりまして，それもかなり初期の段階なので，「ない」という答え方をさせていただいてると思います。しかし，創業して3，4年ぐらい後だったと思うんですけど，それまでは（特定のたんぱく質名）の部分断片を研究しておりまして，そちらが大量生産ができないなっていうのもあって，（特定のたんぱく質名）そのものを研究するという方法に移ってますよって。（特定のたんぱく質名）そのものを研究するにあたっては，実は大手の製薬メーカーが手を引いていった，というところがあって，（特定のたんぱく質名）そのものを研究する者が誰もいなくなったというところから，うちが研究開発して，医薬品にするというところは，創業者・創業メンバーから言うなら，命令みたいな感じできたところであります。

4　小括

　第5章では，質的分析の具体的な分析方法とその結果を提示した。そして，質的分析の結果より導き出されたピボットにまつわる意思決定の経路について，【ピボット】を含む7つのメイン・カテゴリーおよび18のサブ・カテゴリーに整理し，それらについてインタビュイーの代表的な発言を引用しながら，その説明を行った。
　また，ピボットには，3つの意思決定の経路，すなわち「ピボットしない」「小転換」「大転換」があることが示唆された。これら3つの意思決定の経路については，【外部環境の把握】が【開発の進捗】に影響を与え，【開発の進捗】が当初の計画どおりなのか否かで，ピボットの有無が分かれる。ピボットをするケースでは，【出口戦略に関わる株主の意向】を受け，【外部環境の把握】，2つのレベルの【認知的コンフリクト】【組織慣性】【経営陣の心理的オーナーシップ】がピボットの転換の大きさに影響を与えていることが分かった。

第 6 章

事例分析
―出口を踏まえたピボットのプロセス分析―

　第5章では，インタビューから抽出されたピボットの意思決定に関する3つの経路，意思決定に影響を与える要因を提示した。第6章では，インタビューを実施した9社について，具体的にどのようなプロセスでピボットの意思決定を行ってきたのかについて事例分析を行う[1]。

1　事例

　以下では，9社の事例を3つのピボットの意思決定の経路（STORY1～3）に分類し，事例ごとに分析して分類根拠を示す。事例分析にあたっては，第5章**図表5.1**（P.68）の9社の企業概要を参照しながら読んでほしい。

1　9社個々の事例説明を各社のインタビュー内容を引用して説明するが，第5章「3.2　カテゴリーの分析」にて使用した代表的な引用と重複するところもある。

1.1 ピボットしない経路（STORY1）の事例分析

1.1.1 A社（STORY1）

　A社は，大学との共同研究成果をもとに起業された大学発ベンチャーであり，複数の有用菌を含有する食品・飼料・化粧品の製造販売業者である。創業当初から対象となる有用菌に特化し，その機能検証を複数の大学との共同研究にて科学的に明らかにしてきた。A社の製品のベースとなっている有用菌は，他社の技術動向に左右されず，創業以来20年超，新たに発掘した菌の機能を食品・飼料・化粧品といった形で実用化した。有用菌の培養には大きなコストがかからないこともあり，市場環境に左右されずに事業展開してきた。

> 確かに外部環境に対してはね，何て言うかな，あまり詮索してないというか，他社の動向を伺ったりですね，自分とこの優位差がどれぐらいレベルかっていうことを測る必要があれば，出したり入れたりいうのはあるんですけども，オンリーワンであった時代，その業界の中の先達としての位置づけ，自負してるんで，当時海外のほうを気にすることもなくて，自分がまずしっかりしたものを作り込んでいて，本当の自分が選んだところに展開していくという。まぁうぬぼれかもしれませんが，そういう自負をしてるんで。外部のことを気にする，して何かするということは考えていないです。（A社・CEO）

　事業フェーズについて，アンケートでは「M&Aに近い」との回答であった。インタビューにて具体的な内容を質問したところ，A社の事業をいつか適切な買手に引継ぎをしたいという事業承継の文脈でのM&Aに近いという状況であった。また，後継の候補先が見つかっており，良い形で承継できる見通しである。

> 当時はまだ後継者がいませんでして，5億ぐらいのお金でまず売れるようにしたいな，というのがまずありまして。3年ほど前にちょっとうちの身内から後継候補が出てきたんですね。タイミングよく渡せればなという。（A社・CEO）

A社の組織については，従業員が10名，経営陣はCEO 1 名であり，小規模な組織である。株主もCEO 1 名が株主であるため，CEOが自由に会社の意思決定ができる体制にある。創業以降，会社を大きく成長させることは企図しておらず，身の丈にあった範囲での研究開発を進め，有用菌の持つ未知の機能を発掘することに傾注してきたこともあり，ピボットすることなく現在にいたっている。

　　なにせ作業内容が菌の培養ですから，たくさん人がいらないんですね。事業化もこの20年ぶれないで，いろんな副業をすれば金儲けできたんですけども，一切やらないでこの研究に邁進するということで，規模も落ちないで中身の濃い会社にしよう，というところです。（A社・CEO）

　以上のとおり，CEOが一人株主であり，組織も小規模であることから，事業の進捗を自分の身の丈に合った範囲でコントロールできていることが分かる。外部環境に左右されることが少ない事業を展開しており，大きく研究開発の計画を変更せずとも，安定的に事業を推移させられている状況である。ピボットの必要性がない中で，大学との共同研究を通じて，有用菌の機能を探索し，その独自のノウハウが年々蓄積されており，A社独自のコア・コンピタンスとなっていることが分かった。

　　そういう自分の得意とする分野以外はやらない。自分の本当にやるべきところをきちっとやる。だからまぁ具体例としては，培養して粉末にして保管してるんですけども，その作業の成果品に対する品質管理っていうのは徹底的にやってます。100%。…（中略）…製造過程から外部に委託して，検査第三者試験をしてもらった記録も創業以来全部残してるんで。だから，その過程で何が起こったかっていうのも，例えば，作業員の評価の記録とか，社内の試験の記録を外部に出したとき，全部この20年間残してるんですね。そういうこだわりは強いですね。（A社・CEO）

1.1.2　B社（STORY1）

　B社は，機能性ペプチド[2]による医薬品の開発を行う大学発ベンチャーである。機能性ペプチドに関する大学発の技術シーズをベースとした研究開発により，対象疾患のパイプラインの数を増やし，研究開発型ベンチャーとして事業を展開している。患者数の多い疾患を対象市場としており，大きなマーケットを狙っている。B社の扱う機能性ペプチドは，標的となるたんぱく質も拡大しており，研究開発が盛んな分野である。

　　　我々，特に研究側というのは，どんどん技術が進歩していきますので，古い技術にとらわれちゃいけないなっていうのは常に考えて，特にベンチャーの価値っていうのは，新しいことを早く実用化するために持っていく部分かと思ってますので，いろんな意味では自由度を持ちながらでも，目標っていうのはしっかり持ちながらっていうところかなと思っております。（B社・CTO）

　計画したIPOまでの開発計画は順調に推移しており，パイプライン数・開発フェーズの進捗も順調に推移してきた。大学系VCおよび複数の製薬会社から複数回資金調達を行っており，株主には創業者・CEOの他，VCおよび提携先の製薬会社が含まれている。従業員数は10名超であり，経営陣はCEO・CTO・CFO他，取締役と監査役が複数名で構成されている組織形態である。

　　　元々は創業者3人で株を持っていたっていうふうな状況です。・・・（中略）・・・あともう一つ一番大きかったのは，（ペプチド名）の興味を持っていただいたというところの（製薬会社名）様の方も，ファイナンスで入れてくれた。まあ，なんだろう。（CEO名）の言ってることとか，（創業時のCEO名）の言っ

2　タンパク質が消化酵素で分解されて，アミノ酸が複数結合した状態のこと。分子量がタンパク質と比較して小さく，吸収がスムーズであるというメリットがある。免疫力を上げたり，血糖値を下げたりする機能性を持ち，健康をサポートしたり，年齢に負けない見た目へ導いたりするなど，ヒトに有益なペプチドのことを機能性ペプチドという。

ていることを製薬会社も認めたんだということになって，ベンチャーキャピタルの方も資金調達してくれたといったところで，20●●年になるんですよね。（B社・CEO）

　B社は，アンケート回答にて事業フェーズがIPOに近いと回答をしており，当初計画した事業計画のとおり，概ね事業を進捗することができ，VCの資金調達面，ハンズオンでの支援もあり，現在はIPOも既に実現済である。このような状況から，メインの開発製品分野やターゲット市場を大幅に転換せず，機能性ペプチドを基軸とした事業展開を行っている。資金調達で応援していただいたVC等の方々に恩返しすることを目標に掲げ，計画どおりにIPOまでたどり着くことができた。

　その時点でですね，もうIPOするためにはこの事業の方向で，ていうことで，当然20●●年に決めて5年間かかりましたけども，ずっとできたうえの5年かっていうと，私としてもそんなに納得したというふうには考えてはいません。当然20●●年に策定した事業計画どおりに進めることができたので，予定どおりの上場ができたというふうに考えて，現状では事業というところはあまり変更なくといいますか，そこまでも変更なく来れたっていうところは当然あります。（B社・CEO）

　以上から，B社は技術面・市場面の両側面から外部環境をうまく把握しながら，当初計画どおりに研究開発を進捗させることができていた。A社と同様に，その独自のノウハウが年々蓄積されており，B社独自のコア・コンピタンスとなっていることが分かった。製薬会社やVCからの資金調達も予定どおり行うことができており，ピボットの必要性が生じかなかったケースであるといえる。

1.2　小幅にピボットする経路（STORY2）の事例分析

1.2.1　C社（STORY2）

　C社は，抗ウイルス薬・神経変性疾患治療薬を開発する創薬系バイオベン

チャーである。大学研究者の研究成果をベースに複数の適応症（インディケーション）の創薬パイプラインを展開している。抗ウイルス薬・神経変性疾患治療薬は，その薬を求める患者数も多く，研究開発が盛んな分野である。一方で，C社は疾患も患者数の少ないアンメット・メディカル・ニーズも取り扱っている。

　創業後，リーマンショックにより資金面で厳しい時期があり，資金調達の際にダウンラウンド[3]も経験するなど，大変な時期を経験した。各種のファンド・VCからの支援によって資金面での危機を脱し，今にいたる。近時はパイプラインに進捗もあり，製薬会社とのアライアンスにより開発が進捗し始めている。

> 　C社自体はリーマンショック後に非常に苦しい公的資金しかない時期で結構な運営をしてたので，やっぱダウンラウンドを一度大きく経験してるんですね。当然，創業者の先生たちは，（株を）持っててもそこでかなり尽くされてしまってるんで。もちろん10％までいかなくても，5％弱ぐらいの保有はしてるんですけども。やっぱし，かなりちっちゃくなっちゃったってのはありますね。（C社・CEO）

　株主は，複数のVCおよび複数の製薬会社から複数回資金調達を行っており，投資家は30社以上に分散している。経営陣は，CEO・CTO・CFO他，取締役と監査役を複数名採用する組織体制をとっている。

> 　主な株主はですね，先ほどの（C社の社外取締役名）のファンドですとか，（VC名）とかですね。私が属してた（VC名）っていう，もう私は離れてますけども，そういうのがメインのインベスターで。ただインベスター自体はですね，事業会社も含めて30社以上入ってます。（C社・CEO）

　投資家の意向もあり，メインの開発製品分野の大幅な変更をするのは難しい

---

[3] 新たに増資する際の株価が，前回の増資時の株価を下回っている状態のことをダウンラウンドという。

が，抗ウイルス薬分野で適応症（インディケーション）の比重を変更している。アンケート回答時は，事業フェーズがIPOに近いとの回答を得ており，VC出身のCEOが会社をリードし，IPOを見据えて研究者・臨床開発担当を採用して，IPOに向けて研究開発を進めている状況である。

> C社は，実はちょうど2018年の頃にインディケーションは変えてるんです。対象疾患を元々はですね（体の部位名）の感染症，同じ薬で投与方法が違うんですけども（腫瘍名）っていうのが（ウイルス名）ってなるんですけども，そっちを大学の医師主導でやってたのを，大学の先生なんかも相談して，もう一つ（体の別の部位名）のインディケーションを並行してやり出してきて，優先度は変えてるんです。（C社・CEO）

> 私自身は，いわゆる専業の経営者になったっていうのは比較的ここ本当に4年とかそのぐらいなんですけども。C社の，ずっとやっぱりファンド側の責任を取ってたんで，C社の代表権持ってるんですけども，ファンド側からの兼務，当然コンフリクトがあるんで，株式も個人で持ってないし，給料もらえないっていう立場で結構それはそれで難しいかじ取りをしなきゃなんないっていうのが，その当時のオペレーションだったんですけど。（C社・CEO）

以上から，C社はリーマンショック後の厳しい資金調達環境を経験し，当初の計画どおりに研究開発を進捗させることが難しい状況にあった。株主は事業会社とVCで30社を超え，C社は株主からIPOを期待される中で，研究開発がうまく進捗していないことに対して，ピボットを含めた今後の計画の見直しが必要とされる状況にあった。この時，ピボットの必要性を検討する経営陣とこれまで投じた投資資金を中心とした経営資源がサンクコストとなることを危惧する投資家との間に認知的なコンフリクトが生じていたと推察される。

この状況に対して，これまでに培ってきた経営資源，特に投資家から調達した資金や研究開発で培ってきた実験結果などの知的資産がサンクコストとならないよう，適応症（インディケーション）の変更という形で対応した。これまでに蓄積してきた知見が無駄にならない形での転換であり，ピボット後もこれ

までに培った経営資源が活用できることから，投資家の納得もうまく得られたものと考えられる。インタビュイーであるCEOは，VC出身であることから，投資家側の立場もよく理解しており，小転換という形で投資家と経営陣の間に生じる認知的コンフリクトの調整を行ったと考えられる。C社の事例では，抗ウイルス薬分野で適応症（インディケーション）の比重変更を行っており，メインの開発製品分野の変更はなく，ターゲットとなる顧客を変更していることから，「小転換」の事例と判断した。

> 結果的には1つの化合物に対して，創薬ベンチャーってのは叡智を積み上げてきてですね，特許のみならず，やった試験が全部アセットになってるんですね。ですから，その大転換がないってことはその積み上げがよく効いてるっていうことなんで，スモールピボットは，（体の部位名）を対象にするのから（体の部位名）を対象にするのに変わったんですけども，そのアセットを全部使えて，今，上場に向かって動きは2018年も一旦してたんですけども，また今再開をしてますので。そういう意味ではうまく使えてるかなとは思いますが。（C社・CEO）

> C社はどっちかってインベスター側が入り込んで引っ張ってきちゃったもんで。逆に言うと，常にどうやって出口まで引っ張ろうかっていう議論が頭の中にありながら，研究者とか臨床開発の人たちを引っ張ってきたみたいなとこはちょっとあるんで。若干でも今どっちかって出口のとこにそのインベスター側が入ってやる，これは結構多いですよね。今回，出口に出る（個人名）さんなんかも，あの（大学名）でやっぱファンド作ってた方ですし，（企業名）さんなんっていうのも，2年前上場したのも，インベスターが社長になって。インベスターがついてるところは結構あるとは思います。（C社・CEO）

また，C社は株主と経営陣との間で生じる認知的コンフリクトだけでなく経営陣内でも，技術的専門性を持つ人材，すなわちCTOと管理的専門性を持つ人材であるCEOの間で生じた認知的コンフリクトに対して小転換という形でうまく調整を行っていたと考えられる。大学の研究者に対しても，これまでの知見が無駄とならない形で事業を小幅に転換することで理解を得ていた。

●●大学●学部のやっぱし●●教授っていうのが，さっきの（株式の）シェアがどうこうというよりも，創業メンバーでやっぱC社というのを何とか成功させたいっていう思いが非常に今でも強いですね。その中で，やっぱし何を狙えばいいかってのは，多分常に考えてこられてた方なんで。方向性の先鞭ってのはどうしても医薬品とそのターゲット疾患とどうやって投与するか，初期臨床試験をどうやってるかとか，この辺のコンセプトが，やっぱ●学部として非常に把握しやすい立場にあった。・・・（中略）・・・いざちっちゃなピボットしようっていうときにも当然すごくニーズがあるとか，もう困ってるってのはもう先生方からするともう明らかな領域なんで。その辺の判断っていうのは，割と大学との創業者との関係で，我々やりやすかったかなと。（C社・CEO）

1.2.2　D社（STORY2）

　D社は，オーファンドラッグ[4]を中心として開発を行う創薬系バイオベンチャーである。アンメット・メディカル・ニーズに対応した創薬を専業としている。ある程度化合物として見込みの出てきたパイプラインについて，D社が臨床試験を行って医薬品としての申請承認を得る形態をとっており，自ら開発し，承認を得た医薬品の販売の全ては自社では行わないというユニークなビジネスモデルをとっている。D社は，アンメット・メディカル・ニーズの中でも，患者数の少ない希少疾病の医薬品開発をパイプラインに組み込んでおり，相対的に小さい市場を中心ターゲットとしている。こうした患者数の少ない希少疾病は，市場規模が小さいことから，大手製薬会社が手を出しにくい技術分野となっている。

　先ほど森口先生からも話がありましたけど，オーファンドラッグだけやってもですね，海外はオーファンドラッグだけで経営がうまくいく会社がいくつもあるんですけど，日本はオーファンドラッグでは簡単には絶対儲からないです。そういう仕組みになってないので。ですので，私たちはドラッグをやりますけ

---

[4] 患者数が少なく，治療法が確立していない難病に対する希少疾病用医薬品のことをオーファンドラッグという。

れども，オーファンではなくて，やはり市場のニーズが高くて，誰も手がけてこない，（D社の上市した薬品名）もそうなんですね。（患者の対象）の患者さんだけだとそんな多くはないかもしれませんけれども，小児から始まって，大人にまで広げる可能性があるわけですね。そういうものもちゃんとパイプラインの中に組み入れながら，全体として前に進んでいけるということを狙っている。それの音頭をとっているのが，社長自らだというところが。（D社・CTO）

D社は，現在にいたるまでにいくつかのハードルを乗り越えてきた。まず，創業資金の調達である。D社の創業者CEOは，医療上必要とされているのに市場が小さく不透明だからという理由で製薬会社が顧みない希少疾病等の開発に対する使命感をもとに，オーファンドラッグ等を対象としてバイオベンチャーの起業を志すも，当時創業資金に困っていた。その中で，創業者の理念に共感してくれた企業が多額の創業資金を貸与してくれたという経緯がある[5]。

　　基本はですね，もう単純で（CEO名）の個人の会社が出資をして，（主要株主の会社名）さんから30億円お借りして，これだけです。ですから，（主要株主の会社名）さんにはとっても感謝をしてるんですね。っていうのは，無担保で30億貸してくれましたから。その一括ではなくて，順番にですけど。きちんと最初の製品を日本で発売してから3年後かな，に全部お返ししてますので，約束自身はきちんと果たしているということになります。（D社・CTO）

D社は，試行錯誤する中で海外に支社（販売拠点）を設立して，海外展開を行っている。その中で，海外特有の規制や日本との違いに直面し，対応を行ってきた。現在は米国での販売体制を確立している。

　　海外にも支社を作って，販売に向けた準備を1社だけ（アメリカだけ）は今販売できますけれども，そういうことをやっています。なので，外部環境はある程度見たうえでやっていますが，過去にですね，例えば海外展開で失敗した，もしくはうまくいかなかった，苦労を抱えてる社員も当然いるんですね。（D

5　なお，当該貸付金については，事業が軌道に乗ったタイミングにて完済している。

社・CTO）

　また，D社の組織について，株主はCEO個人の会社・製薬会社・上記の創業者の理念に共感してくれた企業の3社で構成されており，CEOがD社の経営の意思決定において大きな影響力を持っている。経営陣は創業者CEO，CTOの他，常勤の執行役員，監査役を設置する形で，充実したガバナンスが効いた体制となっている。

　D社は，アンメット・メディカル・ニーズに対応した開発シーズでパイプラインを揃えており，ターゲット市場は希少疾病に特化した市場から変更はしていない。アンケート結果も，「ピボットの経験はない」との回答であったが，患者の想いに応えるためには，承認を得た医薬品を自社で販売する必要性を認識し，自ら承認を得た医薬品の販売も内製化するという方向に舵を切っている。すなわち，メインの開発製品分野の変更はなく，医薬品の販売を内製化することによりターゲットとなる顧客を変更（拡大）していることから，「小転換」の事例と判断した。また，アンケート回答時は，事業フェーズがM&Aに近いとの回答を得ており，IPOをするつもりはなかったが，近時その考えに変化があり，患者の想いに向けて研究開発を進めている状況である。IPOは選択肢としてはないと当初考えてきたが，近時はその意向も出てきている。

　　　元々，私が入社するときにはですね，販売する営業員を持たないって社長が宣言したんですけど，やっぱり実際に承認を取って販売を既存の製薬会社に委託してみると，自分たちの思いが伝わらないことが多々出てきて，自社で販売するという方向に舵を切ったんですね。（D社・CTO）

　　　弊社は上場しないとずっと言ってきたんですけど，1年ぐらい前から上場することも選択肢にし始めてます。これはいろんな背景があるんですけれども，そういうことを議論しながらやるんではなくて，やっぱりトップとして，この会社をきちんと経営していくためにはそういうことも選択肢の一つだというスタンスなんですね。（D社・CTO）

D社は，国内では大手の製薬メーカーが市場規模が小さいことを理由に手掛けてこなかったアンメット・メディカル・ニーズを中心にオーファンドラッグもパイプラインに組み込み，事業を展開してきた。こうした外部環境を機会と捉えて，D社は，創薬の承認申請までを事業範囲とし，承認後は製薬会社に販売を委託してきたが，CEOの強い想いから，販売部分も内製化する事業の小転換を行った。この小転換の意思決定には，CEO自身が創業時に持っていた強い想いが反映されており，株主の中でもCEOの影響力が強いことから，株主と経営陣との間での認知的コンフリクトは生じなかった。また，CEOは四半期に1回全従業員に対して，自らの言葉で，事業への想いを中心に説明し，研修として患者会と接点を持つ機会を作っている。こうしたCEOの想いや方針が経営陣だけでなく従業員にもよく伝わっていると考えられることから，小転換について経営陣内でのコンフリクトも発生しなかったものと考えられる。

　　社長は今，四半期に1回ですね全従業員を集めて，今はWebでしかできませんけれども，1時間ほど当社の経営状況，それからお金の話だけでもしょうがないので，新しいトピック，こういうことをやっていきます。それから，当社のミッションですとか行動基準，これを繰り返し発信するということをやっています。四半期に1回の大会議の中で，研修として，患者会の方にですね，1時間ほど，ご自身の病気もしくはご家族の病気のことを語ってもらう，という時間を作っています。やっぱりこれがすごく社員にも影響が大きいんですね。（D社・CTO）

　D社では，ピボットをせずとも十分に事業の継続は可能であったが，外部環境の変化を機会と捉え，医薬品の販売を内製化するという前向きな意思決定として小転換を行っていた。その意思決定プロセスにおいて，創業者であり大株主であるCEOの影響力が経営陣だけでなく従業員にも大きく及んでいることに加え，CEO自身が変化に対応する柔軟性を持ち合わせていたことが，2つのレベルの認知的コンフリクトが発生せずに前向きに小転換にいたった重要なポイントであった。

1.2.3　E社（STORY2）

　E社は，介護福祉機器・産業用特殊機器の開発，設計，製造，販売を行う大学発ベンチャーである。CTOを務める研究者が共同研究先とのジョイントベンチャーの形態で設立した。アンケート回答時は，メイン事業が（医療分野の）プラットフォーム技術であると回答しており，主に人の動きを補助する装置を開発している。CTOは所属する大学とE社のCTOを兼務しており，所属する大学で研究開発を進め，開発した試作品をE社にて製品化・販売する形態をとっている。E社の製品は，人の動作を補助する装置であり，市場のニーズは高く，市場は拡大中である。

　　技術開発は全部僕がやってみています。だから一応共同研究費という名目でもお金がE社から来ていて，それで開発をしています。そして，上市できそうな，製品化できそうなものは製品化していく。・・・（中略）・・・それで契約にも明確に書いてあります。つまり，製品化までという内容も大学との契約の中に入っていて，ものづくり，製品化は，E社がファブレスでやっている形になっています。（E社・CTO）

　創業時の株主は共同研究先とCTOで，現在はVCと事業会社が複数社出資している。創業当初は，共同研究先との出資比率に関心がなかったこともあり，現在CTOの持株比率は約10％となっている。アンケート回答時点の経営陣はCEO（外資系証券会社出身），CTO（研究者），共同研究先の社長，国の投資会社の担当者の4名であり，その他執行役員複数名を加え運営している。

　　本学のルールとして教員は代表になれないとなってて，僕も別にやりたいと思っていないです。ただ，その背景が多分他の人とは違うのかもしれないですけど，僕はあのなんだろうな，やっぱプロでいたいっていうか，開発のプロでいたい。だから経営マネジメントはそれができるプロにやってもらって，理想的にはテック系のベンチャーなんで，両輪で走りたいっていう思いが強い。（E社・CTO）

　アンケート回答では，事業フェーズがIPOに近いと回答をしており，IPOを

20●●年[6]に予定していたが，その計画は進捗どおりには進んでいないのが現状であり，現在も，上場に向けて日々開発を進捗させている。

> IPOも一応20●●年の11月に予定はしてたんですけど，そのときの社長が辞めたり，結局思ったどおり筋書きどおりにいかなくって，IPOはできなくなった。ですけど，だからその，あんまりなんだろうな，僕は極めてあのフレキシブルだと思っているので，それこそ創業者であっても，他のもっとね優秀な人がいてどんどん新しいもの作ってくれたり開発してくれるのだったら全然構わないし。それでも，新しいアイデアとかがあるんだったらやってもらっても全然構わないし。僕はただ，創業理念である「△△△△[7]」っていうために僕がやれることはやるっていうだけで，それ以上でも以下でもないですね。（E社・CTO）

また，アンケートでは「ピボットなし」との回答であったが，顧客の装置に対する要望に応じて性能を改善する製品開発スタイルであり，技術的なコアはそのままで，製品の改善の意味での小幅なピボットは実施している。よって，E社はメインのターゲット市場に変更はせずに，製品のコアとなる技術的な部分は残したまま製品の機能を変更していることから，「小転換」の事例であると判断した。

> あくまでも企業理念があって，それはブレちゃいけないと思うんで，そのためのいろんな開発を僕はやっているので，その開発の中でE社が色付けをして，小ピボット的にやってっていう感じで，いきなりそれこそドローンをやるとか，そういうことは今まではないですね。そういう意味では。・・・（中略）・・・
> そういう意味では，うちが新しい製品を出しているっていうのは，修正なんですよ。・・・（中略）・・・
> うちの場合は製品がもうあるので，今あるものが思うように売れない，それはなぜかっていうのを考えて，それに基づいてこういう製品を次に出そう，というのでやってきているという感じです。（E社・CTO）

---

6 企業名の特定につながらないようにするため，IPOの計画年を抽象化している。
7 E社の特定につながりうる記述であることから，伏せ字としている。

研究開発はCTOが行い，経営管理については投資家からハンズオンで経営陣に参画していたCEOとCFOが担ってきたが，販売計画が予定どおりに進捗していないため，経営陣内で認知的コンフリクトが発生していた。すなわち，技術的専門性を持つCTOと管理的専門性を持つCEO・CFOとの間での認知的コンフリクトである。

　　いろんな人がE社に入ってきましたけど，新しいものを考えたり作ったりする人が誰もいなくて，仕方ないから僕がやっているみたいな感じがずっと続いてますんで，先ほどもお話しましたように，新体制になるんですけど，結局その営業戦略も開発戦略も僕がやってるんですよ。ただ，今までの社長があまりにもひどすぎて，何もできないくせに僕を除外しようとばかりしていて（E社・CTO）

　さらには，CEOとCFOをE社に送り出していたメインの投資家とCTOの間で認知的コンフリクトが起こっていた。メインの投資家が拒否権を持っており，CTOが経営陣の刷新をめぐってメインの投資家を説得し，今後は経営陣を刷新してIPOに向けて再スタートを切ろうとしているところである。

　　役員という意味では，そういうことは言える立場にはなくはないです。ただ，先ほども言ったように，（メインの投資家）の社外取なんですけど，その人が拒否権があるので，結局彼がうなずかないと何も行われないわけなんです。だから，僕が今の社長になった当初からおかしいおかしいとずっと言っていたんですけど，替えることができなかった。かれこれ2年半。ファンドなので，投資期限がきたので，彼が抜けるタイミングで，やっと替えられることになりました。（E社・CTO）

　こうした経営管理をめぐって，投資家と経営陣間および経営陣内での認知的コンフリクトが起こる中で，ピボットについては，CTOの技術的なコアの部分を残したまま顧客ニーズに応じて小幅に転換する形で行ってきた。E社については，CTOの技術的専門性が事業の最も重要なコア・コンピタンスであり，

CTOの影響力が大きいことから，こうした認知的コンフリクトの解消については，CTOの働きかけにより解決を図ろうとしてきた。また，E社では，この転換は小幅なものであることから，社内マターであると位置づけられており，この小転換の意思決定はCTO中心に行われており，この意思決定に直接投資家が影響を与えるということはなかった。

> 株主がそこに影響することはないです。・・・（中略）・・・・僕自身も別に勝手にやってるわけじゃなくて，毎週，進捗報告してますし，社内です。毎週報告していって全部決めていってますし，決してあの独断でやってるわけではないですし。開発，試作は研究室がメインになってやっていて，それは僕が全部指示したことをやりますけど，全て毎週E社に報告はしていますし，その試作のフェーズから量産のフェーズに移るときは，協業メーカーと一緒にやっています。それも毎週ミーティングをして方針を決めていますし，その結果もE社には毎週報告してます。僕から言わせると，ものづくりの当たり前の進め方で，普通にそれを僕は責任を持ってきちんとやっていて，決して僕1人では決めたことはないです。（E社・CTO）

> 創業者がCEOじゃないとIPOしにくいっていうのは，僕はそれはベンチャーの規模によると思うし，やっぱり雇われ社長だとパッションが全然違うんですよね。だからそれはケースバイケースで，例えば，物はいいんだけれども，売るセンスがなくって，だから外部からマネジメントを全部ちゃんとできる人を連れてきたほうがいい，っていう場合も一般的には正しいとは思います。（E社・CTO）

1.2.4 F社（STORY2）

F社は，精密機器の設計・開発，試作および製造業者である。精密機器の用途は多様で，主に医療用装置の他，現在ではセンサーやデバイスなど高付加価値製品に導入されている。創業時のメイン事業は，共同で創業した国立大学の教授が創出した研究シーズを製品化し，上市することであった。自社では装置そのものは持たず装置の開発のみに特化し，顧客先が装置を販売した場合に，

売上の一部を得るビジネスモデルをとっている。

　現在，株主は10社前後であり，古くから取引のある外資系の大手メーカー系列のVCが60％超を保有し，Ｆ社の管理面を担っている。創業者CEOの持ち株比率は２〜３％程度であり，創業者CEOがCTOも兼任し技術開発に専念している。

　　やっぱり彼たち[8]はこの会社を上場したいと思ってるから。それで何年度かで，例えば29年度とか分からんですよ，そういった形に上場したいという気持ちがあるわけです。そうすると，今持ってる残ってる株の４割の方たちの株ってのは，すこぶる上に上がるわけですよね。上がるのは我々の力じゃできないんです。だから，そこはちゃんとファンドの力を借りて，ちょっと嫌なことでも聞いたほうが株主のためになるだろうと思ってます。（Ｆ社・CEO）

　アンケート回答時点では，事業フェーズがM&Aに近いという回答であり，実際に上記のとおり，管理面を任せるために，外資系大手メーカー系のVCを信頼して出資を60％超受け入れている。また，いずれは事業売却も検討しているが，外資系大手メーカーの意向もあり，可能性があればIPOも視野に入れている。

　　やっぱり一番考えたのは，要するにベンチャーエンジェルの方[9]に，やっぱり何で返そうかというと，我々は面白さで十分楽しんだから，エンジェルさんのほうにはお金で返して，またその方がどっかへ投資なさるのがいいかなと思って。一番大きなバイアウトっていうか，もいいけれども，上場すること。（Ｆ社・CEO）

　ピボットの経験については，創業当初は，大学のシーズをＦ社にて製品化を行うプロダクト・アウトのスタイルで研究開発を行っていたが，創業当初の計

8　ここでの彼たちとは，外資系の大手メーカー系列のVCのことを指す。
9　ベンチャーエンジェルとは，ここでは外資系大手メーカー系のVCのことを指す。

画に遅れが出始めたタイミングで，顧客の要望に基づき，自社の技術を適応させる受託開発型の製品開発スタイルであるマーケット・インに製品開発の方向性を転換した。すなわち，F社が創業以来培ってきた技術開発のコアの部分は残したまま，製品開発のスタイルを転換した形である。

> 10年やってうまくいかなかったんです。会社としては本当に世の中に新しいものを出そうと思ったんですが，あまりにも10年もかかって，やっぱり物によると20年かかるんです，ゼロから研究して外に出すのは。それで，これで株主に迷惑かけるなと思ったので，受託開発に切り替えたんです。・・・(中略)・・・お客様から開発してほしいというものを受けて開発するということにピボットしたんです。それで黒字になったわけです。(F社・CEO)

F社の事例では，上記のとおり，当初はプロダクト・アウトのスタイルで研究開発を進めたが，開発した製品が市場に受け入れられず，計画どおりに進まなかったこともあり，受託開発に切り替えることが必要と判断していた。よって，F社はメインのターゲット市場に変更はなく，製品のコアとなる技術的な部分は残したまま製品を提供する形態を変更していることから，「小転換」の事例であると判断した。

この転換について，F社の6割の株式を所有する外資系大手メーカー系のVCは反対することはなく，コンフリクトは生じなかった。しかし，残り4割の一部である日本のVCが研究開発の計画が予定どおり進まないことに意見をし，ピボットに対しても難色を示したことから，投資家と経営陣との間で認知的コンフリクトが起きていた。

> 日本の投資会社ってのは，やっぱり投資してくれる，応援してくれるものだろうと思ってました。邪魔する会社と思ってなかったです。だから，今は投資会社，日本の会社は絶対やめろと。ろくなことないと思ってます。今でも思ってます。やっぱり会社を駄目にするのは投資会社です。日本のですよ。海外の投資会社はそうでもないです。ちゃんとお客紹介してくれたり，ちゃんとビジネスのプランの中に入ってきて，「こういうようなビジネスやんなさい」とか

「原価計算はこんなことしなさい」と言うけれども，日本の投資会社は怒るだけです。「何で儲けないんだ」とか，「何でこんなことに金使うんだ」とか。だから要するに，会社を駄目にするだけです。（F社・CEO）

　F社のCEOは，メインの株主である外資系大手メーカー系のVCに全幅の信頼を置いており，日本のVCがF社に与える影響力は相対的に低いことから，この日本のVCに対して，F社CEOは表向きには日本のVCの意見を聞くふりをして，実際はその意見を反映しない対応をとっていた。すなわち，影響力の高い投資家の意向を尊重し，影響力の低い投資家との間で生じる認知的コンフリクトに対しては，CEO自身が柔軟な対応をすることで調整を図ってきたと考えられる。

　聞いていてやんないだけです。もう，社員一同みんな「へぇ，はい。もうありがたいお言葉で」つって無視するだけです。毎回，毎回，無視して。だから，要するに一つの行事だから。向こうのほうは，そういうのが仕事だから。だから，そのために文句言われるためにお金も投資してもらったんだから。それは，それくらいのやっぱり謝るわけじゃないんだけど「はい，分かりました。承知しました。では，来年やりましょう」っつって，来年が10年後になっても。来年も来年も，引き伸ばすと。（F社・CEO）

　経営陣内での認知的コンフリクトは，F社の経営陣がCEO1名であり，他の役職を兼任していることもあり，発生していなかった。また，CEO自身はF社の事業に対して心理的オーナーシップを持っており，技術的なコアの部分を残したまま，製品開発のスタイルを自社開発から受託開発に小幅に転換したため，この小転換に対する抵抗感はなかったものと考えられる。

　私は株持ってなくたって，株を持っているからじゃなくて，自分が育てたっていう子どもみたいなとこありますから。・・・（中略）・・・だからピボットといっても本当にピボットじゃないんです。中で，同じ事業の中をやり方を変え

たということだと思うんです。(F社・CEO)

1.3 大幅にピボットする経路（STORY3）の事例分析

1.3.1 G社（STORY3）

　G社は，対象疾病を心臓病から特定の○○癌[10]に変更した創薬系バイオベンチャーであり，○○癌治療用の抗体医薬の上市を目指して事業を展開している。○○癌は，アンメット・メディカル・ニーズの中でも，患者数の少ない希少疾病となっており，相対的に市場は小さいことから，製薬会社も，手を出しづらい領域である。対象疾病を心臓病から特定の○○癌に転換する前は，開発の進捗を進められなかったが，ピボット後は，○○癌のパイプラインを進捗させ資金調達も行えている。

　　実はこれが森口先生がおっしゃってるピボットに相当するかどうかですけれども，心臓内科の先生としては癌の治療薬というところで大きく妥協していただいて，そこで今その後はこの○○癌からぶれずに来ているっていうことですね。ですから1年ほど前までは，「俺たち心臓のことは担ってきたけど，癌のことは分からんよね」って言ってました。最近はもう言いませんけど，そういったところを妥協して飲まれたのが，その後のブレがないおかげか一つのファクターかなと思っております。(G社・CFO)

　また，G社の組織については，株主はVC複数社が含まれており，創業当初の資本政策に失敗し，創業経営者は既に20%以下で構成されている。経営陣は，創業者CEO（研究者出身），CTO（研究者出身），CFO（外部出身）で構成されており，研究者であるCEOとCTOが製品開発を，企業での管理経験のあるCFOが総務・財務管理を担う体制となっている。

10　がんの名前を記載すると，G社の特定につながる可能性があることから，対象となる癌の名称については○○癌と記載した。

シードはともかくシリーズAの段階Bの段階，もうそれを経ますと今，経営株主の議決権比率が全部合わせても30％もう割っているのですね。そういう状況に持っていく過程で，やっぱりちょっと社長先生とは一悶着ありまして，やっぱり，であれば，もっと自分が1,000万ぐらい，そのいわゆる設立段階で出資をして，（上場した同業他社名）とまではいかないけども，やっぱりシリーズC・Dの段階を経ても，議決権比率をできれば50，それが駄目でも33.4は維持したいというふうに思っていたのにと。（G社・CFO）

　G社は，アンケート回答では，ピボットの経験があると回答している。具体的な転換内容は，設立後ほどなく，VCとの議論でターゲットとなる疾病を心臓病から特定の癌に変更し，事業を行ってきた。CEOとCTOの2名は心臓内科の研究者であり，ターゲットとなる疾病を転換することに葛藤はあったものの，VC（投資家の意向）を優先する形で，○○癌に対象疾病を転換することとなった。

　どの疾患を最初の治療薬とするというときに，心不全はやめてくださいと。アンメットニーズが高く，ホットな○○癌にしましょうということでも，（メインのVC）の会社設立の条件がそういった疾患の変更だったみたいで。（G社・CFO）

　そうですね。ちょうど先生の解説にもあるように，やっぱ専門性といったところが強みだと思っているのに対して，ピボットはやはりそれとは違う世界。お医者さんの世界は非常にやっぱり専門領域ごとに特化しておりますので，やっぱり心臓内科と，それから，癌だったら○○科ですけど，もう全然違う世界と思ってるみたいで。現に，やはり薬事と付き合うときもやはり，心臓領域なのか癌腫瘍の領域なのかでだいぶ違いますので。（G社・CFO）

　また，目指す出口に関しては，アンケート回答では事業フェーズがIPOに近いとの回答を得ており，当初の予定からは厳しい日程であるものの，IPOする時期を明確に決めたうえで，パイプラインを進捗させているのが現状である。

2019年に入った段階では，ファンドの期限が20●●年だから，少なくとも20●●年中にはIPOをしてくれと。これはもう生々しく（メインのVC）から言われておりまして。で，事業計画上も20●●年よりも早めのIPOというのは計画上，やっぱり臨床試験の前半分，フェーズ１・２といっているところぐらいまで行かないと，とてもじゃないけど導出できないだろうし，導出実績とセカンドサードのパイプラインを背景にして東証が上場審査をしてくれるっていうと，どう線図を引っ張っても20●●年のファンドの期限がギリギリと。途中で非臨床をちょっと圧縮できることが分かりましたので，今，20●●年としておりますけど，ですから2019年私が入社した段階でも，それから2018年の先生がたのアンケートへのご回答の段階でも，割とそのIPOがすぐ間近という言い方は，大胆な回答だったのかなあと。（G社・CFO）

　G社は，外部環境の変化，ピボット前の心臓病の領域での審査基準が高いことを脅威と捉えており，研究者であるCEOとCTOの専門領域である心臓に関する領域での研究開発計画の見通しが難しいことから，最終的にアンメット・メディカル・ニーズである○○癌の領域に事業を大幅に転換する意思決定を行った。すなわち，メインの開発製品分野とターゲット市場の両方を転換していることから，G社の事例は「大転換」であると判断した。特に，後述のとおり，メインのVCおよび経営陣内のCFOが，ピボットすることが必要であると考えていた。
　この意思決定には投資家であるメインのVCが大きな影響を与えており，投資家と経営陣の間での認知的コンフリクト，すなわちIPOまたはM&Aによる出口のためには事業領域の転換が必要だと考える投資家と，自社の研究領域から外れてしまうことを危惧する経営陣（特にCEO・CTO）との間でコンフリクトが発生していた。また，経営陣内でも，IPOまたはM&Aによる出口を目指すためには事業の大幅な転換が必要と考えていたCFOとCEO・CTOとの間で認知的コンフリクトが発生していた。
　VCおよび経営陣内のCFOが事業の大転換の必要性を主張したのは，組織規模とサンクコストの観点からであった。すなわち，大転換の検討を行ったのは

設立前後であり，VCおよびCFOは，IPOまたはM&Aによる出口を確実にするのであれば，組織規模およびサンクコストが相対的に小さいタイミングで意思決定すべきであると判断していた。一方で，CEO・CTOにとっては，技術に対するオーナーシップが大きな影響を与えており，ピボットの検討時に，自身の技術的専門領域から逸脱したくないと考えていた。

　これらのコンフリクトを調整し，最終的に大転換に踏み切る決断をした要因は，以下の2点からである。第一に，メインのVCが，経営のハンズオンも含め設立前後の時点でメインの株主となっており，G社に対して大きな影響力を持っていたことである。以下のインタビュー引用から，CEO・CTOは，メインのVCがG社に対して大きな支援をしていることから，最終的にVCの意思を尊重したことが伺える。第二に，CFOも大転換の必要性を感じていたことから，VCの意思を後押しする説得がCFOからCEO・CTOに対してあったことも要因となっていた。

　　　やっぱり（CEO名）は（メインのVC）から非常に大きな出資をいただいてるということと，それから今，民間のVCの株主はもう一つ（VC名）しかないという状態ですので，要はよくぞこのアーリーな段階で入ってくれたと。こういうリスペクトを持っておりまして，（メインのVC）に対してはもう絶大な支援株主で。・・・（中略）・・・そういった意味で（CEO名）は案外実験系とか本当にあのサイエンスに近いところは俺たち（CTO名）と（CEO名）で決めるけれども，そうじゃないところは（CFO名）の意見も聞きながら，かなり頻繁に人の問題，それから割と細かな支出の問題とかも全部やっぱり（メインのVC）にお伺いを立てていたのですね。（G社・CFO）

1.3.2　H社（STORY3）

　H社は，研究開発対象を特定のたんぱく質の一部分（部分断片）から特定のたんぱく質そのものの機能の研究に転換した創薬系バイオベンチャーである。この転換を行う以前，H社は大量生産の難しい部分断片を取り扱っていたが，大手の製薬会社が撤退したことを理由に，特定のたんぱく質を研究開発の対象

に転換した。よって，大手の製薬会社が撤退したこともあり，市場規模が相対的に大きいことに加えて，競合がいない中で研究開発を進められるポジションを獲得している。ピボット前は，計画どおりに上市までの道筋を描けていなかったが，ピボット後は，CTOを中心として研究開発を問題なく進めることができている。

> 外部環境は多分変わってきてるんですけれども，どちらかというと（特定のたんぱく質）そのものっていうもの自体よりも，希少疾病というものに最近は流れていて，大衆医薬品とかだと，大手の会社でもどんどん開発は済んでいて，ほとんどもう，もう開発する余地がなくなっている。そういうところが希少疾病っていうところに皆さん注目が集まっていて，大手だと，あまりにも市場が小さいと手を出しにくいというのがありますので，その点についてはバイオベンチャー領域ということになると思いますけどね。これは偶然だと思うんですけれども，うちは希少疾病の方向で考えていて，そうですね，そういう意味ではピボットはやってるかもしれないですね。（特定のたんぱく質）そのものの開発をして，市場ができるだけ小さいところに注目して，経営資源を注入するっていうところに徐々にシフトしていくのかな，という気はします。（H社・CFO）

また，H社はVC複数社と製薬会社等から資金調達していることもあり，株主は複数に分散する形となっている。経営陣は，創業者でない技術的専門性を持つCEO，製薬会社出身のCTO，企業での経験のあるCFOを中心に構成されている。

> 一般的な会社はそうかと思うんですけど，うちは申しているように社歴が長いので，いろんなVCからの出資があります。ですので，創業者の持ち株割合もかなり低いし，いかんせん前社長も社長も，途中から入っておりますので，持ち株比率は一般の会社に比べて非常に低いと思っています。ですので，社長交代時に受け渡しがあったとかいうのもありません。（H社・CFO）

ピボットの経験については，設立3〜4年の段階で，上述のとおり，特定の

たんぱく質の一部分（部分断片）から特定のたんぱく質そのものの機能の研究開発へと対象を変更している。このピボットの意思決定は，創業者および創業メンバーの中で行われた。ピボット後，H社は上場を果たし，現在も特定のたんぱく質を対象とした事業を展開中である。

　　大量の生産があまりうまくいかなかったというところで，続ければ多分できたんだと思うんですけれども，それよりも（特定のたんぱく質名）そのもののほうが大量生産ができて商業化できるというところと，大手の製薬会社が手を引いたということがありましたので，その部分断片も研究しながらも，一時そのものの研究開発をするという方向にシフトしていきました。
　　　　　　　　　　・・・（中略）・・・
　　正確にいうと，一応事業内容の転換はしておりまして，それもかなり初期の段階なので，「ない」という答え方をさせていただいてると思います。しかし，創業して3，4年ぐらい後だったと思うんですけど，それまでは（特定のたんぱく質名）の部分断片を研究しておりまして，そちらが大量生産ができないなっていうのもあって，（特定のたんぱく質名）そのものを研究するという方法に移ってますよって。（特定のたんぱく質名）そのものを研究するにあたっては，実は大手の製薬メーカーが手を引いていった，というところがあって。（H社・CFO）

　H社は，大手製薬会社が特定のたんぱく質に対する研究開発から撤退したという外部環境の変化を機会と捉え，部分断片の研究進捗が不透明であったこともあり，当該分野の希少疾病への適応を企図して，設立3〜4年の段階で，部分断片の研究開発から特定のたんぱく質そのものの研究開発へとピボットを図った。たんぱく質そのものの研究は，より広範囲での応用が見込まれる開発分野であり，より大きな市場へとターゲットを変更したと考えられる。すなわち，メインの開発製品分野およびターゲット市場の両方を変更していることから，このピボットは大転換であると判断した[11]。
　この意思決定の過程では，大きな認知的コンフリクトは生じることなく，大転換にいたっていた。H社では，株主であるVCの影響力が強いものの，外部

環境の変化もH社にとって好機会であったこともあり，VCと経営陣との間で大きなコンフリクトは生じていなかった。また，経営陣内においてもCTO自身が事業の継続に対する理解があり，大転換することに対しても柔軟な理解を示していたが読み取れる。また，設立3～4年での意思決定であったこともあり，組織規模やサンクコストも相対的に大きい水準でなかったことも，大転換の意思決定につながった一要因であると推察される。

　　（特定のたんぱく質名）そのものを研究する者が誰もいなくなったというところから，うちが研究開発して医薬品にするというところは，創業者・創業メンバーから言うなら，命令みたいな感じできたところであります。（H社・CFO）

　　うちはまぁ言うなら，資金調達をしないと会社が存続できないような事業ですので，そういった意味では，（CTO名）との対立はなかった。どちらかというと，（CTO名）がもうIPOをしないと何もできないっていう立場ですので。
　　　　　　・・・（中略）・・・
　　特に（CTO名）がいたからということではないと思うんですけども，会社全体の意思としては，やはり事業の進捗というところで，まあ，（特定のたんぱく質名）を医薬品として開発するというところが中心になりますので，こちらに

11　部分断片の研究開発からたんぱく質そのものの研究開発への転換が，小転換であるのか大転換であるのかについて，製薬会社勤務の従業員に別途ヒアリングを実施し判断した。部分断片とたんぱく質そのものの関係性は延長線上と捉えられるが，機能解明から大量生産へと事業目的の転換を行っていることから，大転換と位置づけられると判断した。また，参考であるが，生成AIであるChatGPTに「たんぱく質の部分断片の研究からたんぱく質そのものの研究へと研究開発の対象が変わることは大きな転換でしょうか？小さな転換でしょうか？」と質問をしたところ，以下の回答が得られた。
　「たんぱく質の部分断片の研究からたんぱく質そのものの研究への研究開発の対象の変化は，比較的大きな転換といえます。たんぱく質の部分断片の研究は，たんぱく質の機能を理解するために非常に重要な手段ですが，その部分断片だけを対象にして研究を行うため，たんぱく質そのものの機能や特性については完全に理解できない場合があります。また，部分断片だけを対象にした研究は，それ自体が特定の応用に関連している場合がありますが，それが広く応用可能な知見につながるとは限りません。一方，たんぱく質そのものの研究では，たんぱく質の構造，機能，相互作用，生物学的役割をより包括的に理解することができます。これにより，より多くの応用分野での利用や，より広い範囲での応用が可能になる可能性があります。したがって，たんぱく質の部分断片の研究からたんぱく質そのものの研究への転換は，研究の方向性や応用分野の拡大など，多くの面で重要な転換といえます。」

ついては，先ほど述べたようにIPOのほうがより確実性が増すというところです。その点について（CTO名）もIPO時に決定する際にはそういう発言は何度か聞いております。（H社・CFO）

1.3.3　I社（STORY3）

　I社は，高速原子間力顕微鏡の製造販売，分析サービスを提供する国立研究開発法人発ベンチャーである。国の助成金に多数採択され，大学等と連携し，最先端の計測技術の開発に取り組んでいる。近時，本業と親和性のある同業の会社（実験装置・同ソフトウェア開発）を買収し，業容を拡大している。個々の機器が高価格のため，顧客の計測の要望に応じた対応が必要であり，他社との差別化は機器やサービスの品質に左右される。また，顧客の計測の要望に応じてオーダーメイドで製品を開発するスタイルで，自社の技術的専門性を活かした事業を展開してきた。

　もうちょっと詳しく言いますとね，創業時っていうのは，当然資金もそんな潤沢でありませんので，むしろ一番お金のかからない，受託測定から入ったんですよ。徐々に業績をあげてですね，現在は，自社の独自の装置を作って販売している。（I社・CEO）

　株主は，VC1社と創業者CEOで過半数，所有株数10位までで90％以上の持株比率で，経営陣構成は，CEO（創業者・研究者），CTO（途中入社，研究者），CFO（途中入社，財務経歴あり）がメインで組織の運営を担っている。

　最初はですね，大体3名ぐらいの方が株を持ってました。ということは，うちの会社は，設立前に，私が（研究機関名）で，現在の事業のベースになっている特殊顕微鏡を用いた有機分子の構造観察計測の研究をしておりまして，産官学の多くの方々から，その顕微鏡を使って，想定外に測定依頼を受けて（想定外であることが大きな市場性があると判断），ユーザーニーズを肌で感じ，市場性はあるのではないかと感じました，すなわち，テストマーケティングを行

うことができました。その成果を使って，その当時，(研究学園都市名)の研究成果を起業するための(ファンド名)というファンドがあり，一部，そのファンドの支援を受けて会社を設立しました。現在もその時のファンド出資会社の人が株主になっております。・・・(中略)・・・株主は大体10名ぐらいいると思います。まぁ，詳しく必要でしたら後でそれを送ります。(I社・CEO)

アンケート回答時点では事業フェーズがIPOに近いという回答であり，目指す出口については，現在はIPOも視野に事業を展開している旨，インタビューにて回答があった。

ピボットの経験については，創業当初は，国内でのナノスケールの物質の分析・計測サービスをメインにしていたが，主なターゲット市場を徐々に海外比率を大きくし，現在は，約50％が海外になっていることを挙げていた。なお，このピボットは，創業者・創業メンバーの決断で決定されたものである。

だから，それは当然ね，会社設立の時期の考え方，事業戦略と今はもうかなり変わってます。それは当然事業を展開しながらですね，やはり必要に応じて直すところは直す，新しいところは取り入れると，そういう形で展開しております。はい。今言われた世の中の状況とですね，必ずしも合ってないかもしれません。・・・(中略)・・・創業当初は国内を事業展開していたんですけれども，先ほど言いましたように，今はむしろ海外に50％程，輸出しております。そういうことでは，かなり創業時とは変わってきております。(I社・CEO)

I社は，高速原子間力顕微鏡に関する品質ニーズを個別にヒアリングしながら，都度研究開発計画を修正し，自社製品の品質改善を行ってきた。その過程で，資金がなくても行える受託測定から事業をスタートし，資金面での繰り回しに目途がついてきたところで，本格的に高速原子間力顕微鏡の製造販売をメイン事業へと転換した。また，自社技術が海外市場でも通用することに機会を見出し，主要なターゲット市場を国内から海外へとシフトさせていった。このように，メインとなる事業およびターゲット市場の両方を大幅に転換させてい

ることから，I社の事例は大転換であると判断した。

この大転換の意思決定にあたり，主要な株主がCEOであることから，CEO自らがI社の意思決定を柔軟に行える体制となっており，主に市場面での外部環境の変化を機会と捉えて，ピボットを行った事例であると言える。組織規模も大きくはなく，CEO自身が変化に対応する柔軟性を持ち合わせていたことから，海外市場への大幅なピボットの意思決定がやりやすい状況にあったと推察される。

2　小括

第6章では，インタビュー対象である9社の個々の事例を分析してきた。その内訳は，「ピボットしない経路（STORY1）」2事例，「事業を小幅に転換する経路（STORY2）」が4事例，「事業を大幅に転換する経路（STORY3）」が3事例である。それぞれの事例が，3つのSTORYのうちどれに該当するのかについて，本研究でのピボットの定義である「メインの開発製品分野やターゲット市場を大幅に転換すること」に沿って判断し，その根拠を示した。

第 7 章

質的分析による発見事実と考察

　第7章では，第5章・第6章での質的分析の結果を踏まえ，発見事実と考察を述べる。

　まず，9社の事例を3つのピボットの意思決定の経路に分類したうえで，ピボットに関する意思決定の要因が相互にどのように関連し合い，意思決定がなされてきたのかについて，3つの経路ごとの相違点を考察することで発見した事実を述べる[1]。次に，考察パートでは，特に「転換の大きさを判断する根拠」に関するディスカッションを展開する。

1　発見事実

1.1　ピボットに影響を与える要因

　第一の発見事実は，ピボットに影響を与えている要因についてである。IPO

---

[1] 9社個々に関するピボットのプロセスを各社のインタビュー内容を引用して説明するが，第5章「3.2　カテゴリーの分析」にて使用した代表的な引用と重複するところもある。

またはM&Aの事業フェーズに近づくプロセスにおいて，「開発の進捗」が予定とおりでない場合，ピボットを検討する際，「出口戦略に関わる既存株主の意向」が影響し，ピボットの意思決定においては「出口戦略に関わる株主の意向」を踏まえたうえで，「外部環境の把握」「認知的コンフリクト」「組織慣性」「経営陣の心理的オーナーシップ」の4点が影響を及ぼしていることが分かった。

「出口戦略に関わる株主の意向」については，IPOまたはM&Aによる出口戦略においては，VCなどの投資家がメインとなる株主の場合，投資家がピボットの検討をバイオベンチャーに働きかけ，ピボットの検討においても影響を与えていることが分かった。一方で，経営陣がメインとなる株主となっている場合，経営陣がピボットの意思決定において柔軟な姿勢をとっていることも分かった。

ピボットの意思決定には，2つのレベルの認知的コンフリクトが影響を与えていた。すなわち，株主と経営陣との間で生じる事業に対する認知的コンフリクトおよび経営陣の中で起こる技術に対する認知的コンフリクトである。また，これらのコンフリクトについては，組織慣性が影響しており，創業年数や従業員数といった組織規模と経営資源の蓄積が大きくなるほど，組織に慣性が働き，ピボットしにくくなることが分かった。

また，第3章の実証結果では，CEOが創業者であるほどピボットしにくい点を心理的オーナーシップの観点から考察していたが，質的分析の結果では，CEOが創業者であることだけでなく，CTOが創業者であることなど，経営陣が創業者である点がピボットの意思決定をしにくくする要因であることが分かった。これらが複合的に生じる中で，バイオベンチャーはIPOおよびM&Aに向けてピボットをするかしないかの意思決定を行っていると考えられる。

1.2　ピボットの大きさ[2]

第二の発見事実は，ピボットには大きさが存在するということである。本書では，ピボットを「メインの開発製品分野やターゲット市場を大幅に転換すること」と定義し，バイオベンチャーを対象としたアンケートにてピボットの経

験の有無を調査した。ところが，上記の定義に対して「ピボットの経験がない」と回答した企業も，インタビューを行う中で，事業の一部を小幅には転換した経験があるということが分かった。また，「ピボットの経験がある」と回答をした企業4社のうち1社は，大幅なピボットではなく，実際には小幅に事業を転換していることが分かった。

　STORY2とSTORY3を分かつもの，すなわちピボットを小幅に行うのか大幅に行うのかを決定する要因については，前項で説明した「出口戦略に関わる株主の意向」を踏まえ，「外部環境の把握」，2つのレベルの「認知的コンフリクト」「組織慣性」「経営陣の心理的オーナーシップ」が影響を与えていることが分かった。さらには，第5章にて行った分析においては，ピボットを検討した結果，ピボットをしないという意思決定を行った企業は存在しなかった。この点に対する解釈については，次の「2　考察」にて説明する。

1.3　ピボットの意味づけ

　第三の発見事実は，ピボットは外部環境の捉え方により意味づけが異なるという点である。第3章における量的分析においては，「外部環境の把握ができているほど，ピボットしやすい」という結果が得られ，この点について質的分析を行った結果，外部環境を「機会」と捉えているのか，「脅威」と捉えているのかにより，ピボットに対する意味づけが異なっていることが分かった。外部環境を「機会」と捉えている事例では，その機会を活かすべく前向きに外部環境を捉えていることから，2つのレベルの認知的コンフリクトが生じにくい状態で，ピボットの意思決定が行われていたことが分かった。

　一方で，外部環境を「脅威」と捉えている事例では，脅威への対応を余儀なくされた状況に置かれた中での意思決定となっており，2つのレベルの認知的

　2　本研究で明らかになった新しい概念である。ピボットを大幅に行うのか，小幅に行うのかの違いは，「大きさ」とも「角度」とも言い表せるが，本研究では「ピボットの大きさ」と表記した。「大きさ」または「角度」のいずれの表現が望ましいのかについての議論は，本研究では採り上げず，今後の研究課題とする。

コンフリクトに対処し，ピボットを行っていることが分かった。

2　考察

　ここまでの分析結果と発見事実に関する考察を行う。
　IPOまたはM&Aを踏まえたピボットの意思決定経路には3つのパターンが存在することが質的テキスト分析を通じて明らかになった。以下では，3つのパターンに分けて，その意思決定プロセスについて考察する。

2.1　ピボットしない経路

　まず1つ目は，「ピボットしない」意思決定のプロセスであり，**図表5.4**（p.74）におけるSTORY1のA社およびB社の事例である。両者とも当初の研究開発の計画が予定どおりに進んでいることから，ピボットの必要性がないため，ピボットを行わずに当初の研究開発の計画を進捗させ，IPOまたはM&Aの事業フェーズにたどり着いた事例である。A社は外部環境の変化に左右されず，B社は外部環境の変化にうまく対応した事例である。両事例とも，当初の研究開発の計画が予定どおりに進んでいることから，ピボットの必要性が生じていない経路であった。すなわち，当初の事業計画が予定どおりに進捗していれば，当初の事業でのコア・コンピタンスを強化することができることから，ピボットをしないことが自社にとって合理的な選択となりえる。

2.2　小幅にピボットする経路

　2つ目は，「小幅にピボットする（小転換）」意思決定にいたるプロセスであり，**図表5.4**におけるSTORY2のC社，D社，E社，F社の事例である。当初の研究開発の計画が予定どおりに進捗していないことを契機に，株主がピボットの必要性を経営陣に対して伝達し，経営陣は株主の影響を受けてピボットの要否を検討する。このピボットの要否の意思決定に対して，2つのレベルの認知的コンフリクト，すなわち「株主と経営陣との間で生じる事業に対するコン

図表7.1　2つのレベルの認知的コンフリクト（図表5.7（p.82）再掲）

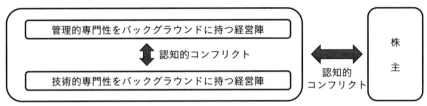

出所：筆者作成

フリクト」および「経営陣内で発生する技術に対するコンフリクト」が影響を与えていた。2つのレベルの認知的コンフリクトは**図表7.1**のとおりである。以下では，2つのレベルの認知的コンフリクトがピボットの意思決定に与える影響について考察する。

2.2.1　株主と経営陣との間で生じる事業に対する認知的コンフリクト

　第一に，株主と経営陣との間で生じる事業に対する認知的コンフリクトについてである。D社の事例のように，株主の中で経営陣の持株比率が多く，意思決定において経営陣の影響が大きい場合は，株主と経営陣が同一となるため，このコンフリクトによる影響は僅少であった。

　C社，E社，F社のように，VC等の投資家の持株比率が高く，意思決定において投資家の影響が大きい場合は，株主と経営陣との間に事業に対する認知的コンフリクトが発生し，ピボットの意思決定に影響を与えていた。

　まずC社の事例では，これまでの経営資源の蓄積がサンクコストとなってしまうことを危惧する投資家と企業の生存のためには転換が必要だと考える経営陣の間でコンフリクトが生じており，経営陣は投資家の危惧に配慮し，これまでの経営資源の蓄積ができる限り活かされる形でのピボット，すなわち小転換という形で投資家との間に生じる認知的コンフリクトを調整していた。C社の経営陣のキーマンが管理的専門性を持つCEOであったため，こうした投資家に対する配慮を小転換という形で行ったのではないかと考えられる。

一方で，E社およびF社の事例では，株主と経営陣との間で生じる認知的コンフリクトの発生プロセスがC社と異なっていた。まず，E社およびF社の経営陣内での意思決定のキーマン，すなわちE社はCTO，F社はCEOのバックグラウンドが技術的専門性を持つ人材である点がC社と異なっている。E社CTOおよびF社CEO自身の持株比率は少ないものの，事業のコアである技術を持つ人材であり，両者とも当初の事業のコアとなる技術は転換しないという考えからスタートしている。その中で，E社の事例では，顧客のニーズに応える形で，製品の機能転換をE社CTOの権限の範囲内で行う形をとってきた[3]。F社の事例では，製品開発の形態を自社開発から受託開発に転換していた[4]。両者ともピボットの意思決定のプロセスで，当初の計画が予定どおりでない点を考慮して，技術的なコアを残した形で事業を小幅に転換している。

2.2.2 経営陣内で発生する技術に対する認知的コンフリクト

第二のコンフリクトは，経営陣内で発生する技術に対する認知的コンフリクト，すなわち，ピボットの必要性を説く管理的専門性をバックグラウンドに持つ経営陣と，ピボットに抵抗感を持つ技術的専門性をバックグラウンドに持つ経営陣との間に生じる認知的コンフリクトである。経営陣が技術的専門性をバックグラウンドに持つCEOだけであるF社については，このコンフリクトは発生していない。また，管理的専門性をバックグラウンドに持つ経営陣がキーマンとなっているC社およびD社については，キーマンとなる経営陣がピボットを肯定的に捉えている中で，技術的専門性をバックグラウンドに持つ経営陣に配慮し，小転換にとどめていることが伺える。一方で，技術的な専門性

---

[3] E社での認知的コンフリクトは，研究開発の計画が予定どおりに進捗しない要因が投資家の派遣したCEOとCFOにあると位置づけられており，CEO・CFOを解任したい経営陣（CTO）と解任に待ったをかける投資家との間で生じるコンフリクトが発生していた。

[4] F社での認知的コンフリクトは，研究開発が計画どおりに進捗していないことから，計画の修正検討を意図する投資家と研究開発の計画を大きく修正することはしたくない経営陣（CEO）との間で生じたコンフリクトである。結果的に，F社CEOは，意見をした投資家がメインの投資家ではなかったことから，これらの意見をほとんど聞かず，技術的なコアを残した形で小転換を実施した。なお，メインの投資家はこの小転換の意思決定を支持している。

をバックグラウンドに持つ経営陣がキーマンとなっているE社の事例では、蓄積してきた技術的な知見の蓄積が事業のコアとなっていることから、ピボットをすることは想定になかったと伺える。技術的専門性をバックグラウンドに持つ経営陣は、研究開発が計画どおりに進捗していないことに対して説明責任を果たす必要があり、技術的なコアを残したままで小幅に転換することを通じて、折り合いをつけていたのではないかと考えられる[5]。また、これらのピボットの意思決定に対する認知的コンフリクトがリレーションシップコンフリクトに発展しないように、経営陣内のキーマンは、ピボットの大きさを小幅とすることで、株主と経営陣間、経営陣内での意見の調整をうまく図っていたのかもしれない。

さらには、経営陣が創業者か否かという点も、認知的コンフリクトに影響を与えている可能性が示唆された。創業者が経営陣に含まれる場合、創業者は自身の事業や技術にこだわりや心理的オーナーシップを持つことから、現在の事業を転換することに対して抵抗感を持つことが想起される。STORY2の事例で、キーマンとなる経営陣が創業者であったのは、D社（CEO）、E社（CTO）、F社（CEO）であった。そのうち、株主と経営陣との間で生じる事業に対するコンフリクト、経営陣内で生じる技術に対するコンフリクトが生じている事例において、各社のキーマンとなる経営陣は、創業時の強い想いがあることにより、ピボットの意思決定をしづらくしているのではないかと考えられる。一方で、C社のキーマンであるCEOは創業経営者ではなく、事業に対する想いは相対的に小さかったため、IPOによる出口のためにピボットの必要性を説いていたのではないかと推察される。

すなわち、経営陣が創業者であるか否かは、経営陣自身の事業や技術に対する心理的オーナーシップに関連し、これらが2つの認知的コンフリクトの発生に結び付いていた可能性が考えられる。

5　E社では、メインとなる投資家が管理的専門性をバックグラウンドに持つCEOとCFOを派遣していることもあり、この経営陣内で発生する技術に対する認知的コンフリクトに対処するロジックは株主と経営陣との間で生じる事業に関する認知的コンフリクトに対処するロジックと類似している。

2.2.3 小幅なピボットを意思決定するプロセスとその認知の変化

ここまでの小幅なピボットの意思決定に関するプロセスをまとめる。

キーマンとなる経営陣が管理的専門性をバックグラウンドに持つ場合は，経営陣はピボットが必要であると考えているのに対し，投資家はこれまで投じた資金をメインとして，経営資源の蓄積がサンクコストとなってしまうことを懸念している状況であった。この状況において，経営陣は投資家の意向を配慮して，大転換ではなく小転換とすることで，投資家との間で発生する認知的コンフリクトを調整していたのではないかと考えられる。

一方で，キーマンとなる経営陣が技術的専門性をバックグラウンドに持つ場合は，これまでの技術的な知見としての経営資源の蓄積が失われることを懸念して，経営陣はピボットしないことの正当性を説くが，研究開発計画が進捗どおりでないことに対して，コアとなる技術面以外の点での転換を検討し，小幅に事業を転換することで，技術的な蓄積を残す正当性を主張していたのではないかと考えられる。

経営陣内で発生する技術に対する認知的コンフリクトに関しても，株主と経営陣との間で生じる事業に対する認知的コンフリクトを調整するプロセスと同様に，キーマンが管理的専門性を持つのか，技術的専門性を持つのかが重要なポイントとなっていた。すなわち，キーマンが管理的専門性を持つ経営陣の場合は，同じ経営陣内の技術的専門性をバックグラウンドに持つ経営陣の意向を配慮し，大幅に転換したいと考えていた事業転換の幅を小幅とすることで，ピボットの正統性を高めていた。一方で，キーマンが技術的専門性を持つ経営陣の場合は，同じ経営陣内の管理的専門性をバックグラウンドに持つ経営陣の意向を配慮し，転換したくないと考えていた事業を小幅に転換することで，これまで蓄積してきた技術的な経営資源の蓄積が失われないようにコンフリクト調整を図っていた。

ここまでの考察をまとめると，**図表7.2**のとおりである。キーマンとなる経営陣が管理的専門性を持つのか，技術的専門性を持つのかにより，スタート地点は異なるが，両者とも意向の異なる株主や経営陣を説得し，自らの正統性を

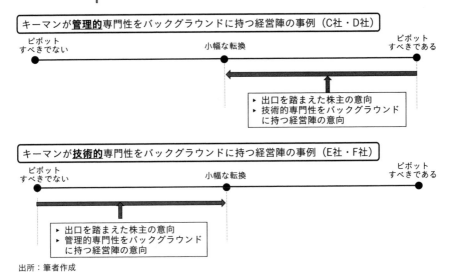

図表7.2 キーマンの違いによる「小転換」にいたる認知プロセス

出所：筆者作成

主張する手段として小幅なピボットが位置づけられていた。自らの意向との相違によって生じる認知的コンフリクトを，事業転換の大きさを小幅とすることで，うまく調整を図っていたのである。

　先行研究では，ベンチャー企業が当初の計画どおりに進捗せず，マイルストーンの調整が必要となった場合，ステークホルダーとの関係性がピボットの意思決定を分かつ要因であることが示唆されていた（Berends et al., 2021）。本書では，Berends et al.（2021）の指摘に加え，キーマンとなる経営陣のバックグラウンドにより，ピボットにいたるプロセスが異なる点や，ステークホルダーに対して正当性を主張する手段としてピボットを位置づけている点で理論的含意がある。本書が示す事例では，キーマンとなる経営陣が持つ当初のピボットに対するスタンスは異なるが，ステークホルダーや意見の異なる経営陣を説得するために，ピボットの大きさを小幅とする形で認知的コンフリクトを調整していた。

2.3 大幅にピボットする経路

2.3.1 組織慣性と外部環境の捉え方

最後に「大幅にピボットする（大転換）」意思決定にいたるプロセスであり，**図表5.4**（p.74）におけるSTORY3のG社，H社，I社の事例である。当初の研究開発の計画が予定どおりに進捗していないことを契機に，株主がピボットの必要性について経営陣に対して伝達し，経営陣は株主の影響を受けてピボットの要否を検討する。このピボットにいたるプロセスおよびピボットの意思決定には，小転換の意思決定プロセスと同様にキーマンとなる経営陣のバックグラウンドが影響を与えていた。小転換のプロセスとの相違点は，組織規模および外部環境をいかに捉えているかにあり，その捉え方がピボットの大きさを決める重要な要因となっていた。

G社については，メインとなる投資家がG社に大きな影響を与えている事例である。また経営陣のキーマンは，技術的専門性をバックグラウンドに持つCEOおよびCTOであり，CFOは管理的専門性をバックグラウンドに持つ人材である。ピボットの検討時点は，設立後間もないタイミングであり，メインの投資家が，今後の上市の可能性を考えると，まだサンクコストの大きくない段階でのピボットを肯定的に考えていたのに対し，経営陣のキーマンであるCEOおよびCTOは技術的専門性がバックグラウンドにあるため，事業として展開する技術分野が自身の専門と異なる分野に変化することに抵抗を感じていた。すなわち，投資家と経営陣の間に認知的コンフリクトが発生していた。同様のロジックで，経営陣内でも，ピボットすることが望ましいと考えていたCFOとCEOおよびCTOが対立する構図で認知的コンフリクトが生じていた。このような状況の中で，株主としての影響力が強い投資家の意向を尊重し，投資家とCFOがCEOおよびCTOを説得していた。CEOとCTOは，設立後間もなく，事業面での蓄積がまだ少なかったこともあり，事業の存続のために渋々事業の大幅転換に応じた形となっている。

H社については，VC複数社と製薬会社等の投資家がH社に大きな影響を与

えている事例である。G社と同様に経営陣のキーマンは、技術的専門性をバックグラウンドに持つCEOおよびCTOであり、CFOは管理的専門性をバックグラウンドに持つ人材であり、認知的コンフリクトが生じる構造は、G社と同様であった。G社との違いは、外部環境の変化を「機会」と捉えていた点である。H社は、競合する大手製薬メーカーが特定のたんぱく質に対する研究開発から撤退したという外部環境の変化を機会と捉え、当初の部分断片の研究進捗が不透明であったこともあり、設立3～4年の段階で、部分断片の研究開発から特定のたんぱく質そのものの研究開発へと事業の大転換を図った。この点は、当初の研究開発分野では創薬の審査承認が厳しいであろうと、外部環境を「脅威」として捉えていたG社と異なっている。G社・H社ともにサンクコストに対する抵抗感が少ない初期の段階での事業の大転換であったが、自社を取り巻く外部環境を機会と捉えていたH社は、CEOおよびCTOがこの大転換に対して大きな抵抗感を抱くことがなかった。H社はG社と比較して相対的に認知的なコンフリクトの程度が少ない中で、事業の大転換の意思決定ができた事例であるといえよう。

　I社については、CEOがメインとなる株主であることから、投資家と経営陣の間に生じる認知的コンフリクトは生じていなかった。また、海外市場での事業展開の可能性を「機会」として捉えていることもあり、経営陣内での認知的コンフリクトも生じることなく、組織規模の小さい企業であることから、大規模なピボットに踏み切れた事例である。

　さらには、大幅なピボットの事例においても、経営陣が創業者か否かという点が認知的コンフリクトに影響を与えている可能性が示唆された。STORY3の事例では、キーマンとなる経営陣が創業者であったのは、G社（CEOおよびCTO）、I社（CEO）であった。特に、G社の事例では、CEOおよびCTOが創業者となっており、創業時の強い想いがあることにより、事業を大幅に転換することに対して抵抗感を抱いていた。I社については、事例分析から、CEOに創業時の強い想いはあるものの、外部環境の変化に対応する柔軟性を持ち合わせていたことから、最終的に大転換の意思決定を行えたのではないか

と伺える。

　一方で，H社については経営陣全員が創業経営者でないこともあり，心理的オーナーシップが相対的に小さかったことが，大転換の意思決定に影響していたのではないかと伺える。

2.3.2　大幅なピボットを意思決定するプロセスとその認知の変化

　ここまでの大幅なピボットの意思決定に関するプロセスをまとめる。

　G社，H社，I社が大幅なピボットの意思決定をするにあたり，キーマンとなる経営陣が管理的専門性を持つのか，技術的専門性を持つのかにより，スタート地点が異なっている点は，小幅なピボットの意思決定と同じ認知プロセスであった。小幅なピボットの意思決定のプロセスと異なるのは，組織規模および外部環境の捉え方がピボットの大きさに影響を与えていたという点である。

　設立後間もないベンチャー企業の場合，組織の規模が比較的小さいこともあり，経営資源の蓄積もさほど大きくない。経営陣が大幅なピボットを申し出たとしても，投資家をはじめとするステークホルダーのこれまで投じたものが失われる抵抗感も比較的小さいことが想起される。この結果は，定量分析で示唆された内容と一致している。すなわち，企業の保有する強み資源が蓄積されると，組織としてピボットが必要な状況になったとしても，これまで蓄積された知見がサンクコストとなってしまうことに抵抗感を抱き，ピボットすることを選択しにくくなるというロジックである。

　次に，外部環境の捉え方である。H社・I社の2つの事例では，大幅なピボットを意思決定するに際し，自社を取り巻く外部環境を新たな「機会」であると捉えていた。2つの事例が示した機会は，収益が得られる可能性が高まる話であり，経営陣がこの機会を踏まえて大幅にピボットすることに対して，投資家をはじめとするステークホルダーの抵抗感が低かったことが想起される。自社を取り巻く外部環境を「脅威」であると捉えている場合，先のC社・D社・E社・F社の事例が示したように，ステークホルダーの意向を調整することに労力を要し，ピボットの大きさを小幅とする意思決定がなされていた。こ

の結果は，Allen et al.（2024）の示した結果と整合的である。自社にもたらされる情報が新たな「機会」であるか，自らの生存に「脅威」をもたらす情報なのかにより，ピボットの意思決定のプロセスが異なるという点は，本書が導出した結果と一致している。Allen et al.（2024）との相違点は，外部環境の捉え方が最終的なピボットの大きさに影響を与えているという点であるといえよう。

2.4　観測されなかったピボットしない経路

　STORY2およびSTORY3の企業のうち，ピボットを検討した結果，ピボットをしないという意思決定を行った企業は存在しなかった。これは，小幅または大幅にピボットする意思決定プロセスにて言及したとおり，2つのレベルで生じる認知的コンフリクトに対応する必要があったためであると考えられる。経営陣のキーマンが管理的専門性をバックグラウンドに持つ人材の場合，これまで投じてきた資金がサンクコストになることを懸念する投資家への配慮として，事業を小幅に転換することで，投資家の懸念を解消している可能性が示唆された。また，技術的専門性をバックグラウンドに持つ経営陣に対しても小転換を通じて認知的コンフリクトの解消を図っていた。

　一方で，経営陣のキーマンが技術的専門性をバックグラウンドに持つ人材の場合，研究開発の計画進捗が予定どおりではないことに対して，何も変えずにそのまま継続することに対する正当性を経営陣が説明できないために転換を行っているという可能性が示唆された。

2.5　ピボットの分類に関する議論

2.5.1　多角化の議論を援用した議論

　ここでは，「小転換」と「大転換」の違いをいくつかの視点から検討する。

　第一に，「事業の多角化」の分類に関わる先行研究の視点である。これらの分類は，**図表7.3**のとおり，「既存事業を重視する程度」「既存の事業の資源との関連性」の2つの軸で整理することができる。第1章の先行研究レビューで述べたとおり，事業の多角化の場合，既存事業で蓄積した技術や資源を別の関

図表7.3　関連多角化と小転換・大転換の議論の整理

		既存事業を重要視する程度	
		重要視する	重要視しない
既存事業の資源との関連性	関連性が高い	関連多角化	小転換
	関連性が低い	非関連多角化	大転換

出所：筆者作成

連した事業に多重利用することを通じて，新たな収益を獲得しようとする。一方で，ピボットの場合は，既存の事業を新たな事業へと転換するため，既存の事業の存続がさほど重要視されていない点が事業の多角化と異なる。ベンチャー企業の場合，新たな事業に転換する際に，既存事業を継続するための経営資源が相対的に不足していることが多い。既存事業を残存させるための経営資源に余力がないと言ってもよいかもしれない。

また，「既存事業の資源との関連性」によって多角化を分類した場合，既存事業で蓄積した資源を活かして，既存事業に関連する事業を新たに展開する場合は，「関連多角化」と位置づけられ，既存事業に関連しない事業を新たに展開する場合は，「非関連多角化」と位置づけられる。一方，ピボットについても同様に，当初の事業と関連する事業へと新たに転換する場合は「小転換」，当初の事業と関連しない事業へと新たに転換する場合は「大転換」と名付けた。

以上から，既存事業を重要視する程度により，事業の多角化とピボットを分類することができる。さらに，ピボットについては，既存事業の資源との関連性により，「小転換」と「大転換」に分類することができるといえよう。

2.5.2 「何を転換するのか」に関する議論

Alejandra & Augusto（2021）が系統的レビューで示したとおり，ピボット

の定義は多義的であり，先行研究においても見解が分かれている。例えば，自社の取り扱う製品やサービスを変更することなのか，自社の戦略を変更することなのか，事業そのものを変更することなのか，ビジネスモデルを変更することなのか，リーンスタートアップの文脈が示すように，新しい仮説を検証するために設計された軌道修正のことを指すのか。ピボットという経営現象を議論する際に，「何を転換すること」をメインとして取り扱うのかを提示したうえで議論を進めることが前提として必要である。

本書では，バイオベンチャーを研究対象としたことから，ピボットを「メインの開発製品分野やターゲット市場を大幅に転換すること」と定義し，ピボットの要因とそのプロセスを検証してきた。このピボットの定義とピボットの大きさの２軸で，本書の取り扱った事例を分類すると，**図表7.4**のとおりである。

メインの開発製品の転換は，自社の製品やサービスを変更することから，プロダクト・アウト[6]の視点であるといえる。一方で，メインのターゲット市場の転換は，対象とする顧客を変更することから，マーケット・イン[7]の視点であるといえる。

以下では，**図表7.4**に沿って，ピボットの対象・ピボットの大きさにより４つに分類した事例ごとに，何が・どのようにピボットされたのかを説明する。

まず，小転換の４事例である。C社・D社は，メインの開発製品分野は変更しないことを前提として，顧客の対象を変更している事例である。C社は開発してきた技術的な知見の適応対象を別の部位に転換しており，D社は自社の商売の範囲を薬の販売に拡大した事例である。E社・I社は，メインのターゲット市場は変更をしないことを前提として，製品のコアとなる技術的な部分は変更せずに，E社は製品の機能変更，F社は製品を提供する形態を変更している事例である。これら小転換の４つの事例は，メインの開発製品またはターゲッ

---

[6] 買手（顧客）のニーズよりも売手（企業）が作りたい製品やサービスを基準に自社の製品やサービスの開発を進めること。
[7] 売手（企業）が作りたい製品やサービスよりも，買手（顧客）のニーズに合致した製品やサービスを基準に自社の製品やサービスの開発を進めること。

図表7.4 ピボットの対象とピボットの大きさによる事例分類

ピボットの対象 \ ピボットの大きさ	小転換	大転換
メインのターゲット市場 （マーケット・インの視点）	C社・D社	G社 H社 I社
メインの開発製品分野 （プロダクト・アウトの視点）	E社・F社	

出所：筆者作成

ト市場のどちらかは変更しないままで，もう一方を小幅に変更している事例であるといえよう。

　次に，大転換の3事例である。G社・H社・I社は，3事例ともにメインの開発製品分野とメインのターゲット市場の両方を大きく転換していた。G社の事例では，大きな影響力を持つ投資家がピボットすべきとの意向を持っており，組織規模が比較的小かったこともあり，大転換に踏み切った。H社・I社は，組織規模が小さいことに加え，自社を取り巻く外部環境を新たな「機会」であると捉えていたことが，大転換の意思決定を促す要因であった。

3　小括

　第7章では，第5章・第6章での質的分析結果を踏まえた発見事実の提示，また，IPOまたはM&Aを踏まえたピボットの意思決定の経路として，ピボットしない場合，転換する場合は小転換および大転換に分類し，それぞれの意思決定のプロセスについて分析・考察した。

　ピボットの意思決定には，株主の意向が大きく影響し，さらに，メインとなる株主が投資家であるのか経営陣であるのかによって意思決定のプロセスが異なっていることを指摘した。また，株主－経営陣間および経営陣内でそれぞれ生じる認知的コンフリクトがピボットの意思決定に影響を与えていることを指

摘した。この2つの認知的コンフリクトの発生には，組織慣性や経営陣の心理的オーナーシップが関連しており，この認知的コンフリクトに対応する過程でピボットの意思決定が行われていることを指摘した。

さらには，ピボットの大小を分かつ要因として，組織の規模や自社を取り巻く経営環境をどのように捉えているかが影響を与えていた。

終章では，ここまでの分析結果（第3～4章の量的分析，第5～7章の質的分析）をまとめ，中核的なリサーチ・クエスチョンに対する回答をまとめる。

終章

ピボットの意思決定要因とプロセス

　終章では，まず，第3～7章の各章における分析結果と考察を踏まえ，中核的な問いに対する回答について整理する。次に，本書の理論的および実務的な含意について述べる。最後に，本書の限界および今後の展望を述べ，本書を締めくくる。

1　研究結果の整理

1.1　各章のまとめ

　本書では，ピボットの定義を「メインの開発製品分野やターゲット市場を大幅に転換すること」とし，混合研究法による分析を実施した。中核的なリサーチ・クエスチョンは，「ベンチャー企業はIPOまたはM&Aによる出口を目指すにあたり，ピボットの意思決定をどのように行っているのか」である。この中核的なリサーチ・クエスチョンに回答するために，第3～5章ではそれぞれの章で問いを設定し，分析と考察を行ってきた。
　第3章では，「ベンチャー企業はどのような要因によってピボットをするの

だろうか」という問いを設定し,ピボットの要因について定量的に分析を行った。その結果,経営課題の観点からは,「品質管理ができているバイオベンチャーほど,ピボットしにくい」「外部環境の把握ができているバイオベンチャーほど,ピボットしやすい」という結果が得られ,創業者の観点からは,「CEOが創業者であるバイオベンチャーほど,ピボットしにくい」という結果が得られた。そして,これらの結果に対し,組織慣性やコア・コンピタンス,心理的オーナーシップといった概念を用いた考察を提示している。第3章でのこれらのピボットの要因に関する結果と考察については,第5章の質的分析にて,より詳細な概念の整理と精緻化を行い,ピボットの意思決定プロセスの分析へと接続している。

　第4章では,「ピボットの経験はIPOまたはM&Aによる出口戦略に影響を与えるのだろうか」という問いを設定し,ピボットの有無と事業フェーズがIPOまたはM&Aであることとの関係性について量的分析を実施した。量的分析の結果では,ピボットの経験とIPOまたはM&Aによる出口戦略との間に直接の関連性はないことが分かった。一方で,ピボットに関する先行研究から考えると,ピボットした場合,ピボットしなかった場合で,IPOまたはM&Aによる出口にいたるまでの経路が異なる可能性もあることから,第5章での質的分析では,両方の経路が存在するのかどうかを検証の対象とした。

　第5～7章では,「ベンチャー企業は出口戦略(IPO・M&A)を踏まえてどのようなプロセスでピボットの意思決定を行っているのだろうか」という問いを設定し,第3章および第4章での量的分析結果を踏まえた形で,IPOまたはM&Aを目指すうえでのピボットの意思決定プロセスについて質的テキスト分析を行った。具体的には,第5章にて,質的テキスト分析によってピボットの意思決定に関する要点を7つのメイン・カテゴリーに整理して提示し,第6章にて,分析対象となる9社の事例分析を,第7章にて,分析結果の整理と考察を行った。「ピボット」の意思決定に影響を与える要因は,「外部環境の把握」「開発の進捗」「出口戦略に関わる株主の意向」「認知的コンフリクト」「組織慣性」「経営陣の心理的オーナーシップ」の6つのメイン・カテゴリーに分類された。これら6つのメイン・カテゴリーと第3章・第4章の量的分析で導出された結

果との関連については，「1.2　説明的順次デザインによる解釈」にて説明する。

1.2　説明的順次デザインによる解釈

　本書では，研究手法として説明的順次デザイン（量的分析の結果を質的分析によって説明しようとするアプローチ）を採用し，議論を展開してきた。ここでは，第3章および第4章で得られた量的分析の結果について，第5～7章の質的分析の結果と接続し，その解釈について説明する。

1.2.1　量的分析の結果に対する解釈

　第3章では，量的分析により，ピボットの要因に関して以下の3つの知見が得られた。

　第一に，「品質管理ができているバイオベンチャーほど，ピボットしにくい」に関しては，「組織慣性」のサブ・カテゴリーである「経営資源の蓄積度」に関連していた。すなわち，バイオベンチャーでは，技術的な品質管理ノウハウや専門性を持つ人材がコア・コンピタンスとなることから，これらの技術的な経営資源が蓄積されるほど，ピボットする場合にサンクコストとなってしまうことを恐れてピボットしにくくなっていることが示唆された。

　第二に，「外部環境の把握ができているバイオベンチャーほど，ピボットしやすい」に関しては，「外部環境の把握」のメイン・カテゴリーに関連していた。特に，経営陣が外部環境を「機会」と捉えているか，「脅威」と捉えているかにより，ピボットに対する意味づけが異なっていた。外部環境を「機会」と捉えている事例では，ピボットを前向きなものとして捉えており，ピボットの意思決定に際しては，後述する2つのレベルの認知的コンフリクトが発生しにくくなっていた。一方で，外部環境を「脅威」と捉えている事例では，ピボットに対する捉え方が，技術的専門性をバックグラウンドに持つ経営陣と管理的専門性をバックグラウンドに持つ経営陣とで異なっており，ピボットの意思決定にあたっては，2つのレベルの認知的コンフリクトが発生する要因となっていることが示唆された。

第三に,「CEOが創業者であるバイオベンチャーほど, ピボットしにくい」に関しては, CEOだけでなく, 他の経営陣が創業者であるのかそうでないのかが, ピボットの意思決定に影響していることが分かり, メイン・カテゴリー「経営陣の心理的オーナーシップ」に関連していた。特に, キーマンとなる経営陣が創業者であるのか否かがピボットの意思決定に影響を与えており, キーマンとなる経営陣が創業者である場合に, ピボットに対して抵抗感を抱いている可能性が質的分析を通じて示唆された。

　第4章では, ピボットの経験の有無とIPOまたはM&Aによる出口戦略との関連性について有意な結果は得られなかったが, IPOまたはM&Aの事業フェーズにいたる経路として, ピボットするパターン, しないパターンが存在する可能性が示唆された。

1.2.2　質的分析の結果に関する解釈

　量的分析の結果との関連については, 第5章以降の質的分析により, ピボットの意思決定の経路は大きく3パターン, すなわち「ピボットしない」「小幅にピボットする (小転換)」「大幅にピボットする (大転換)」に分類されることが分かった。また, 上述した6つのメイン・カテゴリーで示した要因が相互に関連し合いながら, 3パターンのピボットの意思決定がなされていることが分かった。以下に, その3パターンの意思決定プロセスおよびその要因を整理する。

　1つ目の「ピボットしない」プロセスでは, 研究開発の計画が予定どおりに進んでいることから, ピボットの検討の必要性が生じないため, ピボットしない意思決定を行っていた。

　2つ目の「小幅にピボットする (小転換)」のプロセスにおいては, 研究開発計画が予定どおりに進捗していない状況に対し, 株主の意向と経営陣の意向が複雑に関連し合うプロセスとなっていた。特に, 2つのレベルの認知的コンフリクト, すなわち「株主と経営陣間で生じる認知的コンフリクト」と「経営陣内で発生する認知的コンフリクト」がピボットの意思決定に影響を与えてい

た。

　「株主と経営陣間で生じる認知的コンフリクト」については，メインとなる株主が経営陣と重なる場合は，ピボットの意思決定においてこのコンフリクトは生じていなかった。メインとなる株主が投資家である場合，経営陣の中でのキーマンが管理的専門性をバックグラウンドに持つのか，技術的専門性をバックグラウンドに持つのかにより，ピボットの意思決定のプロセスが異なっていた。キーマンとなる経営陣が管理的専門性をバックグラウンドに持つ場合，ピボットを図ろうとするキーマンが，これまでの経営資源の蓄積がサンクコストとなってしまうことを懸念する投資家の意向に配慮していた。すなわち，これまで蓄積してきた経営資源が転換後の事業にも活かされる形での転換，すなわち転換の大きさを小幅とすることでコンフリクト調整を図っていた。一方で，キーマンとなる経営陣が技術的専門性を持つ場合，当初の事業のコアとなる技術は転換しないという考えであるものの，当初の計画が予定どおりでない点を考慮して，技術的なコアを残した形で事業を小幅に転換していた。

　「経営陣内で発生する認知的コンフリクト」とは，管理的専門性をバックグラウンドに持つ経営陣と技術的専門性をバックグラウンドに持つ経営陣との間で生じる認知的なコンフリクトである。具体的には，管理的専門性をバックグラウンドに持つ経営陣が生存のためにはピボットが必要であると考えるのに対し，技術的専門性をバックグラウンドに持つ経営陣はピボット後の事業が自身の専門と異なる技術分野に変更されることを懸念し，ピボットは必要ないと考えていることから生じる意見の対立である。これらの調整のロジックは，「株主と経営陣間で生じる認知的コンフリクト」と同様に，キーマンが管理的専門性をバックグラウンドに持つ経営陣の場合，これまでの技術的な知見の蓄積がサンクコストとなってしまうことを懸念する技術的専門性をバックグラウンドに持つ経営陣の意見に配慮し，転換の大きさを小幅とすることで，これまで蓄積してきた経営資源が転換後の事業にも活かされる形での転換を行っていた。一方で，キーマンが技術的専門性を持つ経営陣の場合，当初の事業のコアとなる技術は転換しないという考えであるものの，当初の計画が予定どおりでない

ことから，管理的専門性をバックグラウンドに持つ経営陣に配慮して，技術的なコアを残した形で事業を小幅に転換していた。

3つ目の，「大幅にピボットする（大転換）」のプロセスにおいても，「小幅にピボットする（小転換）」のプロセスと同様に，2つのレベルの認知的コンフリクトに対して，同様のプロセスでコンフリクト調整を行い，ピボットの意思決定を行っていた。小幅にピボットする場合と異なる点は，「組織慣性」「外部環境を機会と捉えている」点であった。大転換を行った事例では，組織慣性の中でも創業年数や従業員数などの組織規模が影響を与えていた。組織規模が大きくない段階では，経営資源の蓄積も相対的に小さいことが想起され，サンクコストに対する抵抗感が少ない初期の段階で事業の大転換が行われたていた。また，自社を取り巻く外部環境を「機会」と捉えていた事例では，2つのレベルの認知的コンフリクトが発生することがなかったことから，大転換することに踏み切ることができたのではないかと考えられる。

1.3　本書の問いに対する回答

以上から，中核的なリサーチ・クエスチョンである「ベンチャー企業はIPOまたはM&Aによる出口を目指すにあたり，ピボットの意思決定をどのように行っているのか」に対しては，ピボットに影響を与える要因として，6つのメイン・カテゴリーで分類される要因があり，これらがピボットの意思決定に影響を与えることが示唆された。また，ピボットには3つの経路があり，そのプロセスは，研究開発計画の進捗が予定どおり進んでいるのかどうかにより，ピボットするのかしないのかが分岐された。研究開発計画の進捗が予定どおりでない場合に，経営陣内でピボットの要否が検討される中で，2つの認知的コンフリクトが複合的に関連し合いながら，ピボットの大きさを調整することを通じて，株主と経営陣間および経営陣内での利害を調整し，IPOまたはM&Aによる出口に近づいていることが示唆された。

2　理論的および実務的な含意

　これまでの議論を踏まえ，本書の理論的および実務的な含意について3点述べる。

　第一に，ベンチャー企業の経営戦略論，特に戦略的意思決定に関する含意である。ベンチャー企業は，経営資源が相対的に不足し，事業不確実性が高いことから，事業がうまく進捗しない状況で，事業の転換をするのかしないのかは，生死を分かつ重要な戦略的意思決定となる。ピボットの要因とプロセスに接近した本書で得られた知見は，ピボットの意思決定が必要とされる企業にとって，戦略的意思決定の判断材料となりうるという点で実務的な貢献が大きい。本書が対象とするバイオベンチャーを含む技術系のベンチャー企業は，経営に管理的専門性だけでなく，技術的な専門性が求められる点が一般的な事業と異なっている。特に，バイオベンチャーの中でも創薬系バイオベンチャーは，上市にいたるまでに莫大な資金や労力が必要であることや，Ries（2011）が提示するリーンスタートアップの意味でのピボットとは異なり，顧客の反応ではなく，実験・治験結果がピボットの重要かつ主な判断材料となるため，創薬以外の事業と比較して，ピボットの意思決定が難しいことが想起される。こうした創薬系を含むバイオベンチャーを対象とした混合型研究により，IPOまたはM&Aを踏まえたピボットの意思決定の要因およびプロセスについて，特に認知的コンフリクトの調整の観点から，組織慣性や心理的オーナーシップとの関連性を指摘し，提示できたことは，一定の理論的貢献を主張できるだろう。

　第二に，IPOまたはM&Aの事業フェーズを目指すにあたり，ピボットする場合，しない場合における両方のプロセスを整理できたことである。本書において，ピボットのプロセスを分析するにあたり，IPOまたはM&Aに事業フェーズが近いと回答した22社のうち，9社を対象とした質的分析を実施した。先行研究においては，ピボットすることを肯定的に捉える研究もあれば，否定的に捉える研究もある中で，本書では両方のプロセスを整理し，提示することがで

きた。
　さらには，発見事実として，ピボットには大きさがあり，その大きさにより，IPOまたはM&Aの事業フェーズを踏まえたピボットの意思決定プロセスが異なる点を提示できた。このピボットの大きさという考え方については，ルメルト（1977），吉原ほか（1981）による事業の多角化の議論に依拠し，「既存事業を重視する程度」「既存の事業の資源との関連性」の2軸によりピボットの大きさを提示した[1]。このピボットの大きさが，ピボットの意思決定プロセスの中で，2つの異なる認知的コンフリクトを調整する重要な要素であることを指摘し，そのロジックを説明できた点は一定の含意が認められると考えられる。
　最後に，経験的調査ではあるものの，方法論として量的研究を含む混合研究を実施した点である。Alejandra & Augusto（2021）のピボットに関する系統的レビュー論文が示したとおり，ピボット"Pivot"は，ここ5年前後で特に質的研究を中心として研究が活発になされている概念である。ピボットという現象は動的であり，事業フェーズが進捗するか否かが明確になるまでに時間を要することもあり，観測しづらい概念である。その中で，本書の知見は，量的研究から確率的に推定した結果をもとに，IPOまたはM&Aを踏まえたピボットの意思決定プロセスを質的に調査したものである。そのような意味では，バイオベンチャーのピボットの意思決定に影響を与える要因を峻別し，その意思決定プロセスを整理できた点は新規性を持つ貢献であると考えられる。

3　本書の限界と今後の展望

　最後に，本書の限界と今後の展望について4点述べる。
　第一に，外的妥当性についてである。本書ではバイオベンチャーを対象とした研究を実施した。先行研究でも述べたとおり，技術的専門性が重要な経営資

---

[1] 詳細は図表7.3（p.136）に記載している。多角化とピボットの厳密な違いについては，筆者の今後の研究課題として新たな研究に取り組みたいと考えている。

源となるバイオベンチャーの事業不確実性は相対的に高く，特に創薬の場合は，莫大な研究開発投資を要し，製品として上市するまでに多大な時間と労力がかかることから，ピボットを行うか否かを意思決定しにくい。このような事業特殊性の高いバイオベンチャーにおけるピボットに関する発見事実や含意が，他の業界や他国のバイオベンチャーにおいて同じロジックで説明可能なのかどうか，追試研究が望まれる。他の業界や他国のバイオベンチャーとの比較を通じて，ピボットと出口戦略に関する解像度が高まり，知見が蓄積されるだろう。

　第二に，内的妥当性についてである。本書でのIPOまたはM&Aによる出口を踏まえたピボットの意思決定プロセスについては，事業フェーズがIPOまたはM&Aに近いと回答した22社のうち，研究協力に了承を得られた9社を対象として質的分析を実施した。すなわち，ベンチャー企業にとって成功指標の一つとされるIPOまたはM&Aに事業フェーズが近い事例にアプローチを行っており，事業フェーズがIPOまたはM&A以外の企業を対象としたピボットの意思決定プロセスについては検証できていない。また，今回の分析対象である9社については，創薬事業以外のベンチャー企業も含まれており，各社の事業特性や個別の文脈や事情により，ピボットにいたる別のロジックや他の要因があるかもしれない。特に，Ries（2011）が提示するリーンスタートアップの意味でのピボットでは，顧客との接点がピボットを検討する重要な材料であるのに対して，バイオベンチャーの中でも創薬のピボットの場合は，顧客の反応ではなく，実験・治験結果が重要なピボットの判断材料となる。よって，創薬事業のピボットの意思決定プロセスと創薬以外の事業でのピボットの意思決定プロセスでは異なる点が存在する可能性もある。

　このような限界点に対して，事業フェーズがIPOまたはM&Aにいたる前段階または，廃業や倒産などの清算による出口に行きついた企業を対象に分析することができれば，さらにピボットと出口戦略に関する解像度が高まり，知見が蓄積されるだろう。一方で，廃業や倒産した企業にアプローチし，データを収集することは困難であることが想定されるため，本書が対象とした22社に関する分析結果や考察については生存バイアスが生じている可能性もある。一方

図表8.1 本書の内容と今後の研究内容との関連性

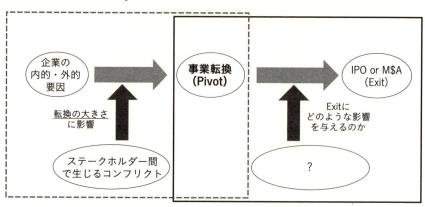

で，日本のバイオベンチャーを対象としていることに加え，IPOまたはM&Aによる出口に近い企業のデータは希少性が高いと考えられることから，一定の貢献を主張できるだろう。

　第三に，本書はピボットの意思決定にいたるプロセスを分析したものであり，ピボットの意思決定後，IPOまたはM&Aの事業フェーズに接近していくプロセスまでは明らかにできていない点である。内的妥当性に関する限界でも指摘したとおり，IPOまたはM&Aを実際に行った日本のバイオベンチャーについては数少ないこともあり，データ収集の制約から，ピボットの意思決定プロセスの分析対象は，IPOまたはM&Aの事業フェーズに近いとアンケートに回答した企業9社にとどまっている。今後は，ピボットの意思決定後，IPOまたはM&Aにいたるプロセスに接近する研究が望まれるだろう。筆者は，この限界点について，科学研究費助成事業（科研費）若手研究（JSPS24K16455）の研究課題「ベンチャー企業における事業転換が出口戦略に与える影響」にて，2024年度より研究を実施している。本書の内容と科研費で行う研究内容との関連性については，**図表8.1**のとおりである。

　最後に，対象とした出口の対象についてである。本書では，ベンチャー企業

の成功指標の一つとされるIPOおよびM&Aの2つを区別することなく取り扱ってきた。IPOおよびM&Aは，ベンチャー企業のオーナー経営者や株式を所有している投資家がその投資を回収し，利益を得るという点で共通している。一方で，IPOの場合は，ベンチャー企業の株式の購入者は不特定多数の投資家であるのに対し，M&Aの場合は，一対一での売買である点が異なっている。その他，この2つの出口について，ベンチャー企業はどちらを選択するのかという問いを研究課題とした先行研究も複数存在していることもあり（e.g. Brau et al., 2003；Brinster et al., 2020），IPOとM&Aを分けたうえで，ピボットとの関係性を調査することで，ピボットと出口戦略との関連性についてより精緻に整理することが期待される。

あとがき

　本書は，筆者が執筆した博士論文をもとに加筆修正を行ったものである。博士論文を執筆するにあたっては，山田仁一郎教授（現京都大学経営管理大学院），吉村典久教授（現関西学院大学経営戦略研究科），大阪公立大学経営学研究科の石井真一教授，中瀬哲史教授，小沢貴史教授には，大変丁寧なご指導をいただきました。御礼を申し上げます。

　また，大阪公立大学経営学研究科の林侑輝准教授，王亦軒准教授にもお世話になりました。山田・吉村合同ゼミ，石井ゼミ，小沢ゼミの皆様，ならびに京都大学経営管理大学院の山田ゼミの皆様には，本書の執筆にあたり，たくさんの有益なコメントをいただきました。皆様のご協力なしには，本書を完成させることはできませんでした。この場で改めて御礼を申し上げます。

　特に山田仁一郎教授には，筆者が大学院に所属している際に，どんなに忙しい時でも，私の研究の進捗状況を踏まえたメリハリのある指導をいただきました。学会発表直前は，深夜にスライドをメールで送付したにもかかわらず，20分後にはコメントと学会発表を鼓舞するメッセージとともに返信をいただき，最後の最後までスライドの修正にお付き合いをいただき，研究に寄り添っていただきました。山田先生との出会いは2018年4月で，当時，関西学院大学経営戦略研究科に所属しており，2019年1月に課題研究論文を提出すべく，大学発ベンチャーに関する課題研究の準備を進めているところでした。大学発ベンチャーに関する研究を進めていく中で山田先生の存在を知り，山田先生の著書「大学発ベンチャーの組織化と出口戦略」を片手に，大阪市立大学のHPに記載の山田先生のメールアドレスに緊張しながらメールを送付したのを今でもよく覚えています。新大阪駅のカフェで初めてお会いして以降，今にいたるまで，研究指導のみならず，研究の楽しさや魅力を教えてくださり，研究者というキャリアへと導いてくださいました。他にも研究者となるための就職活動のこ

とや家庭と研究の両立など，多岐に渡るアドバイスと指導をいただきました。改めて心から感謝申し上げます。今後ともよろしくご指導のほどお願いいたします。

　吉村典久先生にも公私ともに大変お世話になりました。後期博士課程の入学1年目に山田先生がサバティカルで1年間在外研究に行かれることが決まったとき，また，4年目に山田先生が京都大学に異動されることが決まった後，主な指導教員を務めてくださいました。1年目の対面での吉村ゼミもさながら，ゼミ後の吉村先生とゼミ生での情報交換会が毎回楽しみで，大変有益な情報交換の機会となっていました。2年目となったタイミングでスタートした山田・吉村合同ゼミは，コロナ禍となり大半がオンライン開催となりましたが，社会人大学院生である私にとっては，移動時間の制約がなくなり，オンラインでゼミに参加できることは研究活動を推進するうえで後押しとなりました。オンラインゼミでは，研究発表に対して丁寧な指導をありがとうございました。今後ともよろしくご指導のほどお願いいたします。

　石井真一先生は，吉村先生が関西学院大学経営戦略研究科に異動された後，1年半指導をくださいました。石井ゼミでは，毎回本質的な点についてコメントをくださり，博士論文の執筆に向け，大きな方向づけをくださいました。また，日本経営学会関西部会での発表を薦めてくださり，2023年1月に発表できたことが，博士論文の第5～7章執筆の後押しとなりました。また，山田先生，吉村先生が異動された後の指導教員をお引き受けくださり，博士論文の提出直前まで丁寧な指導をくださり，本当にありがとうございました。改めて御礼申し上げます。今後ともよろしくご指導のほどお願いいたします。

　また，横浜市立大学国際商学部の黒木淳准教授には，博士論文の条件論文2編の共同研究の機会をいただき，特に，量的分析についてきめ細やかな指導をいただきました。山田先生，黒木先生との共同研究がなければ，この論文を完成させることはできませんでした。お2人ともお忙しい中，いつも共同執筆に向けた打ち合わせの時間を割いてくださり，毎回夜9時以降に始まる打ち合わせをいつも楽しみにしていました。改めて御礼を申し上げます。

また，当時働きながら後期博士課程に進学することを認めてくださった常翔学園の職場の方々には大変感謝をしております。また，大阪国際大学での非常勤講師を兼職する機会をくださった山本誠一先生（現立命館大学 OIC総合研究機構教授）にも大変お世話になりました。大学教員の求人にエントリーする際に教歴を書くことができたのは山本先生のおかげです。そして，2022年に着任した流通科学大学商学部の先生方には，私が大学教員となる場を提供くださいました。博士号取得前の研究歴が浅い私を採用くださり大変感謝しております。また，現職である京都産業大学では，研究に熱心な諸先輩・同僚の先生方の刺激をいただき，本書を執筆するモチベーションを高めてくださいました。

　その他，たくさんの方に応援をいただいたことも博士論文執筆の励みとなりました。関西学院大学経営戦略研究科の学友の皆さんとは修了後も連絡を取り合い，何度も励まされてきました。また，前職の常翔学園では，知的財産管理や産学連携などの研究推進業務を担当し，全国の研究推進業務に携わる方々と知り合い，実務面での情報交換をできたことが，研究のきっかけと動機になっています。大変ありがとうございます。

　また，2021年度組織学会年次大会の船越多枝先生によるランチョンセッション「社会人学生としての博士号取得への道」からスタートした社会人大学院生を中心としたオンラインでのネットワーキング企画PhD Road Side Caféでは，たくさんの社会人大学院生と知り合い，互いに励まし合ってこられたことも博士論文執筆のモチベーションとなりました。

　そして何よりも，本書のインタビューにご協力をくださった9社の皆様には，大変貴重なインタビューの機会をいただき，ありがとうございました。本業で多忙にもかかわらずお時間を割いてくださり，全てオンラインでご対応をいただき，重要な知見を提供くださいました。改めて御礼を申し上げます。

　本書の一部を構成する論文である森口・山田・黒木（2020）は，2022年度企業家研究フォーラム賞をいただいたこともあり，本書を執筆するうえで大きな励みとなりました。本学会賞に推薦をくださった先生方には改めて御礼を申し上げます。筆者の博士課程に在学中，大阪市立大学経営学研究科・商学部教務

担当の吉田麻美さんにも事務手続き関連でいつも丁寧にご対応をいただき大変お世話になりました。

　本書の初出論文の一部は，科研費（19K01891）および平成30年度厚生労働科学研究費補助金（政策科学総合研究事業（政策科学推進研究事業））の助成を受けたものであり，新村和久氏・犬塚隆志氏・正城敏博氏にも大変お世話になりました。厚く御礼申し上げます。また，本書の一部については，JSPS24K16455の助成を受け，また研究書の出版にあたっては京都産業大学出版助成金の助成を受けています。これらの研究支援なくして本書の出版はなされませんでした。改めて記して感謝を申し上げます。

　そして何より，本書は浜田匡氏（中央経済社）にご尽力をいただき，出版することができました。改めて御礼申し上げます。

　最後に，働きながら関西学院大学経営戦略研究科への入学から始まり，大阪公立大学経営学研究科で研究をする筆者のわがままを快く受け入れてくれた家族，特に妻の奈津絵には感謝してもしきれません。私が働きながら博士課程での研究を行う中で，2人の育児で大きな負担をかけました。また，転職活動をしている時も心配をかけました。今後しっかりと埋め合わせをしていきたいと思います。

森口　文博

参考文献

論文

Agarwal, R., & Helfat, C. E. (2009). Strategic Renewal of Organizations. *Organization Science*, *20*(2), 281-293.

Alam, K. (2020). THE ASSAD-ERDOGAN RELATIONSHIP: A MIRROR INTO SYRIAN-TURKISH TIES. *Asian Affairs*, *51*(1), 95-108.

Aldrich, H. E., & Fiol, C. M. (1994). Fools Rush in? The Institutional Context of Industry Creation. *The Academy of Management Review*, *19*(4), 645-670.

Alejandra, F. C. X., & Augusto, de V. G. (2021). Pivot decisions in startups: a systematic literature review. *International Journal of Entrepreneurial Behavior & Research*, *27*(4), 884-910.

Allen, J. S., Combs, J. G., Carr, J. C., Michaelis, T. L., & Joseph, D. L. (2024). More Than One Way to Pivot: The Case for Opportunity and Survival Pivots. *Journal of Management*.

Amason, A. C. (1996). Distinguishing the Effects of Functional and Dysfunctional Conflict on Strategic Decision Making: Resolving a Paradox for Top Management Teams. *Academy of Management Journal*, *39*(1), 123-148.

Amor, S. B., & Kooli, M. (2020). Do M&A exits have the same effect on venture capital reputation than IPO exits? *Journal of Banking & Finance*, *111*, 105704.

Beckman, C. M., Diane Burton, M., & O'Reilly, C. (2007). Early Teams: The Impact of Team Demography on VC Financing and Going Public. *Journal of Business Venturing*, *22*(2), 147-173.

Berends, H., van Burg, E., & Garud, R. (2021). Pivoting or persevering with venture ideas: Recalibrating temporal commitments. *Journal of Business Venturing*, *36*(4).

Bertoni, F., & Groh, A. P. (2014). Cross-Border Investments and Venture Capital Exits in Europe. In *Corporate Governance: An International Review*, Vol. 22, Issue 2, 84-99.

Bessler, W., Schneck, C., & Zimmermann, J. (2017). *Growth strategies of initial public offerings in Europe*. Working Paper, University of Giessen.

Birley, S., & Westhead, P. (1993). The owner-managers exit route. *Entrepreneurship and Business Development*, *28*(1), 123-140.

Bower, J. L., & Christensen, C. M. (1995). *Disruptive Technologies: Catching the Wave*. Harvard Business School Pub.

Brau, J. C., Francis, B., & Kohers, N. (2003). The Choice of IPO versus Takeover: Empirical Evidence. *The Journal of Business*, *76*(4), 583-612.

Brinster, L., Hopp, C., & Tykvová, T. (2020). The role of strategic alliances in VC exits: evidence from the biotechnology industry. *Venture Capital*, *22*(3), 281-313.

Buono, A. F., & Bowditch, J. L. (2003). *The Human Side of Mergers and Acquisitions: Managing Collisions Between People, Cultures, and Organizations.* Beard Books.

Chemmanur, T. J., & Fulghieri, P. (1999). A theory of the going-public decision. *The Review of Financial Studies, 12*(2), 249–279.

Christensen, C. (1997). *1997 The innovator's dilemma: When new technologies cause great firms to fail.* Boston, MA: Harvard Business School Press.

Clarysse, B., & Moray, N. (2004). A process study of entrepreneurial team formation: the case of a research-based spin-off. *Journal of Business Venturing, 19*(1), 55–79.

Cotei, C., & Farhat, J. (2018). The M&A exit outcomes of new, young firms. *Small Business Economics, 50*(3), 545–567.

Dencker, J. C., Gruber, M., & Shah, S. K. (2009). Pre-Entry Knowledge, Learning, and the Survival of New Firms. *Organization Science, 20*(3), 516–537.

DeTienne, D. R., & Cardon, M. S. (2006). Entrepreneurial exit strategies: The impact of human capital. *Babson College Entrepreneurship Research Conference (BCERC) 2006, Frontiers of Entrepreneurship Research.*

DeTienne, D. R., & Cardon, M. S. (2009). The Impact of New Venture Design on Entrepreneurial Exit. *Babson College Entrepreneurship Research Conference (BCERC) 2008, Frontiers of Entrepreneurship Research.*

Dutton, J. E., & Duncan, R. B. (1987). The creation of momentum for change through the process of strategic issue diagnosis. *Strategic Management Journal, 8*(3), 279–295.

Effiom, L., & Ubi, P. (2017). Governance, incentive systems, and institutions: Is a Nigerian developmental state achievable? *The Nigerian Journal of Economic and Social Studies, 59*(3), 389–432.

Ensley, M. D., Pearson, A. W., & Amason, A. C. (2002). Understanding the dynamics of new venture top management teams: cohesion, conflict, and new venture performance. *Journal of Business Venturing, 17*(4), 365–386.

Espenlaub, S., Khurshed, A., & Mohamed, A. (2015). Venture capital exits in domestic and cross-border investments. *Journal of Banking & Finance, 53*, 215–232.

Etzkowitz, H. (1998). The norms of entrepreneurial science: cognitive effects of the new university–industry linkages. *Research Policy, 27*(8), 823–833.

Gilbert, C. G. (2005). Unbundling the Structure of Inertia: Resource Versus Routine Rigidity. *Academy of Management Journal, 48*(5), 741–763.

Gimeno, J., Folta, T. B., Cooper, A. C., & Woo, C. Y. (1997). Survival of the Fittest? Entrepreneurial Human Capital and the Persistence of Underperforming Firms. *Administrative Science Quarterly, 42*(4), 750–783.

Golub, S. S. (2003). Measures of restrictions on inward foreign direct investment for OECD countries. *OECD Economics Department Working Papers, 357.*

Grimes, M. G. (2018). The Pivot: How Founders Respond to Feedback through Idea and Identity Work. *Academy of Management Journal*, *61*(5), 1692-1717.

Hampel, C. E., Tracey, P., & Weber, K. (2020). The Art of the Pivot: How New Ventures Manage Identification Relationships with Stakeholders as They Change Direction. *Academy of Management Journal*, *63*(2), 440-471.

Helbing, P. (2019). A review on IPO withdrawal. *International Review of Financial Analysis*, *62*, 200-208.

Honjo, Y., & Nagaoka, S. (2018). Initial public offering and financing of biotechnology start-ups: Evidence from Japan. *Research Policy*, *47*(1), 180-193.

Kirtley, J., & O'Mahony, S. (2020). What is a pivot? Explaining when and how entrepreneurial firms decide to make strategic change and pivot. *Strategic Management Journal*, *91*, 168.

Lamine, W., Mian, S., & Fayolle, A. (2014). How do social skills enable nascent entrepreneurs to enact perseverance strategies in the face of challenges? A comparative case study of success and failure. *International Journal of Entrepreneurial Behavior & Research*, *20*(6), 517-541.

Leonard-Barton, D. (1992). Core capabilities and core rigidities: A paradox in managing new product development. *Strategic Management Journal*, *13*(S1), 111-125.

Louis, K. S., Blumenthal, D., Gluck, M. E., & Stoto, M. A. (1989). Entrepreneurs in Academe: An Exploration of Behaviors among Life Scientists. *Administrative Science Quarterly*, *34*(1), 110-131.

Lowe, R. A. (2006). Who develops a university invention? The impact of tacit knowledge and licensing policies. *The Journal of Technology Transfer*, *31*(4), 415-429.

Lowry, M. (2003). Why does IPO volume fluctuate so much? *Journal of Financial Economics*, *67*(1), 3-40.

Mathew L. A. Hayward, & Hambrick, D. C. (1997). Explaining the Premiums Paid for Large Acquisitions: Evidence of CEO Hubris. *Administrative Science Quarterly*, *42*(1), 103-127.

Matkin, G. W. (1990). *Technology Transfer and the University*. Macmillan Publishing Company, 866 Third Ave., New York, NY 10022.

McDonald, R., & Gao, C. (2019). Pivoting Isn't Enough? Managing Strategic Reorientation in New Ventures. *Organization Science*, *30*(6), 1289-1318.

Moriguchi, F., Yamada, J., & Kuroki, M. (2022). Exit Strategy and Top Management Team in Biotech Venture Firms. *AJBS 34th Annual Conference Proceedings*, 311-337.

Ott, T. E., Eisenhardt, K. M., & Bingham, C. B. (2017). Strategy formation in entrepreneurial settings: Past insights and future directions. *Strategic Entrepreneurship Journal*, *11*(3), 306-325.

Peterson, J. (2018). American foreign policy strategies toward the Asia-Pacific: Political patterns and future expectations. *Central European Journal of International and Security Studies, 12*(2), 130-156.

Petty, J. (2000). Harvesting firm value: process and results. *Entrepreneurship and Regional Development*, 71-98.

Pierce, J. L., & Jussila, I. (2010). Collective psychological ownership within the work and organizational context: Construct introduction and elaboration. *Journal of Organizational Behavior, 31*(6), 810-834.

Pierce, J. L., Kostova, T., & Dirks, K. T. (2001). Toward a Theory of Psychological Ownership in Organizations. *The Academy of Management Review, 26*(2), 298-310.

Rajagopalan, N., & Spreitzer, G. M. (1997). Toward a Theory of Strategic Change: A Multi-lens Perspective and Integrative Framework. *The Academy of Management Review, 22*(1), 48-79.

Ratten, V. (2020). Coronavirus (covid-19) and entrepreneurship: changing life and work landscape. *International Journal of Entrepreneurship & Small Business, 32*(5), 503-516.

Record, J. (2001). Exit Strategy Delusions. *Parameters: Journal of the US Army War College, 31*(4), 21.

Ries, E. (2011). *The Lean Startup: How Today's Entrepreneurs Use Continuous Innovation to Create Radically Successful Businesses.* Crown.

Ritter, J. R., & Welch, I. (2002). A review of IPO activity, pricing, and allocations. *The Journal of Finance, 57*(4), 1795-1828.

Ronstadt, R. (1986). Exit, stage left why entrepreneurs end their entrepreneurial careers before retirement. *Journal of Business Venturing, 1*(3), 323-338.

Shane, S. A. (2004). *Academic Entrepreneurship: University Spinoffs and Wealth Creation.* Edward Elgar Publishing.

Shane, S., & Stuart, T. (2002). Organizational Endowments and the Performance of University Start-ups. *Management Science, 48*(1), 154-170.

Simons, T. L., & Peterson, R. S. (2000). Task conflict and relationship conflict in top management teams: the pivotal role of intragroup trust. *The Journal of Applied Psychology, 85*(1), 102-111.

Simons, T., Pelled, L. H., & Smith, K. A. (1999). Making Use of Difference: Diversity, Debate, and Decision Comprehensiveness in Top Management Teams. *Academy of Management Journal, 42*(6), 662-673.

Slavin, B. (2021). How US Policy Toward Iran Has Undermined US Interests in the Middle East. In A. Farhadi & A. J. Masys (Eds.), *The Great Power Competition Volume 1: Regional Perspectives on Peace and Security* (pp. 397-411). Springer International Publishing.

Sugimitsu, K. (2017). Intellectual property as a marketing tool. 日本知財学会編, 日本知財学会誌, *13*(3), 4-14.
Teece, D. J. (1987). *Technological change and the nature of the firm*. Center for Research in Management, University of California, Berkeley Business School.
Tushman, M. L., & Romanelli, E. (1985). Organizational evolution: A metamorphosis model of convergence and reorientation. *Research in Organizational Behavior, 7*, 171-222.
Uhlenbruck, K., Hitt, M. A., & Semadeni, M. (2006). Market value effects of acquisitions involving internet firms: a resource-based analysis. *Strategic Management Journal, 27*(10), 899-913.
Wagner, S. H., Parker, C. P., & Christiansen, N. D. (2003). Employees that think and act like owners: Effects of ownership beliefs and behaviors on organizational effectiveness. *Personnel Psychology, 56*(4), 847-871.
Wang, L., & Wang, S. (2012). Economic freedom and cross-border venture capital performance. *Journal of Empirical Finance, 19*(1), 26-50.
Wasserman, N. (2003). Founder-CEO Succession and the Paradox of Entrepreneurial Success. *Organization Science, 14*(2), 149-172.
Williams, C., Chen, P.-L., & Agarwal, R. (2017). Rookies and seasoned recruits: How experience in different levels, firms, and industries shapes strategic renewal in top management. *Strategic Management Journal, 38*(7), 1391-1415.
Wu, Y.-S. (2005). From romantic triangle to marriage? Washington-Beijing-Taipei relations in historical comparison. *Issues and Studies, 41*(1), 113-159.
アンゾフ（1969）『企業戦略論』産業能率大学出版部
磯崎哲也（2015）『起業のファイナンス 増補改訂版』日本実業出版社
ウド・クカーツ（2018）『質的テキスト分析法：基本原理・分析技法・ソフトウェア』新曜社
大滝義博・西澤昭夫（2014）『大学発バイオベンチャー成功の条件：「鶴岡の奇蹟」と地域Eco-system』創成社
抱井尚子（2015）『混合研究法 質と量による統合のアート』医学書院
加護野忠男・吉村典久（2012）『1からの経営学〈第3版〉』碩学舎
加藤雅俊（2022）『スタートアップの経済学：新しい企業の誕生と成長プロセスを学ぶ』有斐閣
木川大輔（2017）「組織間の調整メカニズムがもたらす産業構造の変容プロセスの考察：医薬品産業における研究開発の組織間関係を題材に」経営と制度, 15, pp.53-76
小橋勉（2013）「資源依存パースペクティブの理論的展開とその評価」組織学会編『組織論レビューII』白桃書房, pp.141-172
今野喜文（2018）「スタートアップの戦略と両利き—スタートアップの両利きにおけるトップ・マネジメントの役割に注目して—」中小企業季報, 2018(5), pp.15-28

佐藤郁哉（2021）『ビジネス・リサーチ』東洋経済新報社
ジョン・W・クレスウェル（2017）『早わかり混合研究法』ナカニシヤ出版
野村康（2017）『社会科学の考え方 認識論，リサーチデザイン，手法』名古屋大学出版会
林侑輝・山田仁一郎（2017）「中小ファミリー企業の第二創業―事業立地の戦略論パースペクティブからの理論化―」日本ベンチャー学会誌 Venture Review, 30, pp.19-34
本庄裕司・長岡貞男・中村健太・清水由美（2010）「バイオベンチャーの成長への課題：資金調達，コア技術，アライアンス，特許制度に関する調査を中心に」一橋大学イノベーション研究センター，Working Paper WP, #10-5l
三品和広（2016）「事業立地の戦略論 最新形」一橋ビジネスレビュー, 64(3), pp.6-17
元橋一之（2007）「バイオベンチャーの活動に関する日米比較分析」医療と社会, 17(1), pp.55-70
森口文博・山田仁一郎・黒木淳（2020）「バイオベンチャーのピボット―実態と要因分析―」日本ベンチャー学会誌, 36, pp.13-27.
山田仁一郎（2006）「不確実性対処としての企業家チームの正統化活動」日本ベンチャー学会誌 Venture Review, 8, pp.23-32
山田仁一郎（2015a）『大学発ベンチャーの組織化と出口戦略』中央経済社
山田仁一郎（2015b）「大学発ベンチャー企業の成果と出口戦略」文部科学省科学技術学術政策研究所 Nistep discussion paper series, No.123, pp.1-47
山田仁一郎・松岡久美（2014）「企業家研究者の心理的オーナーシップ」組織科学, 47(3), pp.17-28
吉原英樹・佐久間昭光・伊丹敬之・加護野忠男（1981）『日本企業の多角化戦略：経営資源アプローチ』日本経済新聞社
ルメルト（1977）『多角化戦略と経済成果』東洋経済新報社

官公庁資料

経済産業省（2021）『大企業×スタートアップのM&Aに関する調査報告書（バリュエーションに対する考え方及びIRのあり方について）』2023年3月27日検索，https://www.meti.go.jp/policy/newbusiness/houkokusyo/r2houkokusho_ma_report_1.pdf
国立研究開発法人科学技術振興機構 研究開発戦略センター（2021）『近年のイノベーション事例から見るバイオベンチャーとイノベーションエコシステム ～日本の大学発シーズが世界で輝く＆大学等の社会的価値を高めるために～』2022年1月14日検索，https://www.jst.go.jp/crds/pdf/2021/RR/CRDS-FY2021-RR-02.pdf
内閣府（2022）『スタートアップ育成5か年計画』2023年3月27日検索，https://www.cas.go.jp/jp/seisaku/atarashii_sihonsyugi/pdf/sdfyplan2022.pdf
東京証券取引所（2018）『東京証券取引所における創薬バイオベンチャーの上場について』2023年3月27日検索，https://www.meti.go.jp/committee/kenkyukai/bio_venture/pdf/003_09_00.pdf

東京証券取引所（2021）『創薬系バイオベンチャー企業について』2023年3月27日検索，https://www.jpx.co.jp/listing/others/risk-info/tvdivq0000001rss-att/nlsgeu000000xf3f.pdf
特許庁（2020）『令和元年度バイオベンチャー企業出願動向調査報告書』2022年3月27検索，https://www.jpo.go.jp/resources/report/gidou-houkoku/tokkyo/document/index/bio_slide.pdf
日本製薬工業協会（2021）『製薬協ガイド2021』2023年3月27日検索，https://www.jpma.or.jp/news_room/issue/guide/guide2021/rfcmr000000034s1-att/JPMA_guide2021jp.pdf

索引

英数

CEO ··· 30, 32, 37, 43
CFO ··· 43
COO ··· 43
CTO ··· 43
CVC（コーポレートベンチャーキャピタル） ··· 45
Exit ·· 2
GTA（グラウンデッド・セオリー） ········ 70
Initial Public Offering ····················· 17
IPO（新規株式公開） ············ 2, 3, 17, 18
M&A ····························· 2, 3, 18, 19
MAXQDA ·· 71
Pivot（ピボット） ············· 3, 13, 38, 90
VC（ベンチャーキャピタル）
 ································ 16, 18, 26, 27, 40
VIF値 ·· 45

あ

アイデンティティ ································· 14
アカデミック・アントレプレナー ········· 51
アンメット・メディカル・ニーズ
 ···················· 78, 98, 103, 104, 112, 114
インディケーション ·········· 91, 98, 99, 100
エージェンシーコスト理論 ·················· 17
オーファンドラッグ ············ 101, 102, 104

か

カイ二乗検定 ·· 63
外部環境の把握 ······················· 42, 51, 52
管理的専門性
 ························· 82, 83, 127, 128, 130, 132, 133
関連多角化 ·· 136
機会 ································ 15, 125, 133–135

技術的専門性
 ···················· 82, 83, 128–130, 132, 133
脅威 ······························· 15, 125, 133–135
共分散構造分析 ····························· 44, 59
グラウンデッド・セオリー（GTA） ········ 70
コア・コンピタンス ···························· 51
コア・リジディティ ···························· 51
コーポレートベンチャーキャピタル（CVC）
 ··· 45
混合研究法 ······························· 23–25, 72

さ

サブ・カテゴリー ························· 71, 73, 77
サンクコスト
 ··················· 51, 52, 76, 85, 86, 127, 132, 133
閾値理論 ·· 16
事業立地（ポジショニング） ············· 11, 12
質的研究 ·· 24
質的テキスト分析 ································· 70
質的分析 ·· 23, 25
資本政策 ·· 39
小転換
 ··············· 73, 74, 76, 90, 91, 126, 135, 136, 138
情報の非対称性 ································ 17, 40
新規株式公開（IPO） ············ 2, 3, 17, 18
心理的オーナーシップ
 ······························ 16, 52, 53, 76, 88, 129
スタートアップ ······································ 2
ステークホルダー ······················ 14, 15, 56
説明的順次アプローチ ·························· 72
説明的順次デザイン ············ 25, 138, 143
全社戦略 ·· 12
戦略的意思決定 ································ 12, 13
創薬系バイオベンチャー ······ 26, 78, 101, 112
組織慣性 ························· 51, 76, 85, 124

組織規模……………………………………76
存在論………………………………………24

た

大転換……74, 76, 90, 91, 132, 133, 135, 136, 138
代理変数………………………………18-20
多角化……………………………12, 135, 148
多重共線性…………………………………45
知財戦略……………………………………40
テーマ中心の質的テキスト分析………70, 71
出口戦略…………………………2, 3, 15, 16
トップ・マネジメント・チーム…………18

な

認識論………………………………………24
認知的コンフリクト……74-76, 81-83, 124, 127-130, 132, 133

は

バイオベンチャー……………………3, 25, 78
パイプライン……………………84, 96, 104
非関連多角化……………………………136

ピボット（Pivot）………………3, 13, 38, 90
品質管理……………………………40, 51, 52
プラグマティズム…………………………25
プロダクト・アウト………109, 110, 137, 138
ベンチャーエンジェル…………………109
ベンチャー企業……………………………2
ベンチャーキャピタル（VC）
　……………………………16, 18, 26, 27, 40

ま

マーケット・イン………………110, 137, 138
マーケット・タイミング理論……………17
メイン・カテゴリー………………71-73, 77

ら

ライフサイクル理論………………………17
リーンスタートアップ………………13, 137
量的研究……………………………………24
量的データ…………………………………25
量的分析………………………………23, 25
リレーションシップコンフリクト……82, 129
連携能力……………………………………40
ロジット・モデル…………………45, 50, 60

■著者紹介

森口　文博（もりぐち　ふみひろ）

1984年生まれ
2023年大阪市立大学経営学研究科後期博士課程修了。博士（経営学）
現職：京都産業大学 経営学部 助教
職歴：株式会社商工組合中央金庫（法人融資渉外担当），学校法人常翔学園（知的財産管理・研究推進担当），流通科学大学 商学部での勤務を経て現職
研究分野：経営戦略・アントレプレナーシップ

ベンチャー企業のピボット分析―事業転換の戦略的意思決定プロセス―

2025年3月30日　第1版第1刷発行

著　者　森　口　文　博
発行者　山　本　　継
発行所　㈱中央経済社
発売元　㈱中央経済グループ
　　　　パブリッシング

〒101-0051　東京都千代田区神田神保町1-35
電　話　03（3293）3371（編集代表）
　　　　03（3293）3381（営業代表）
https://www.chuokeizai.co.jp
印刷／三英グラフィック・アーツ㈱
製本／誠　製　本　㈱

Ⓒ 2025
Printed in Japan

＊頁の「欠落」や「順序違い」などがありましたらお取り替えいたしますので発売元までご送付ください。（送料小社負担）
ISBN978-4-502-53281-5　C3034

JCOPY〈出版者著作権管理機構委託出版物〉本書を無断で複写複製（コピー）することは，著作権法上の例外を除き，禁じられています。本書をコピーされる場合は事前に出版者著作権管理機構（JCOPY）の許諾を受けてください。
JCOPY〈https://www.jcopy.or.jp　eメール：info@jcopy.or.jp〉